我的第**1**本
后期技法书

神奇的后期2
——Photoshop+Lightroom专业技法

郑志强 著

北京大学出版社
北京

前言

数码时代,摄影后期是必不可少的。

强大的后期,能够提升照片品质,让照片呈现出更细腻的质感;很多时候可以帮助你还原现场无法拍摄出的美景,比如通过后期还原被相机压缩过的光比,还原景物表面惊人的细节,还原你所看到的真实色彩;后期还能够引导前期的拍摄思路,例如,正是后期思路的指导,我们可以去拍各种慢门的堆栈效果等。另外,数码创意已经成为当前比较重要的一种摄影创作形式。可以说,摄影后期已经逐渐成为一个摄影师的基本能力和修养。

不学摄影后期,你会很痛苦!

同样的器材与拍摄参数,同样的取景角度,是否经过后期优化,给人的感觉会完全不同。可能会有人说后期是做假,但是对于一般的非严肃纪实类题材来说,后期修饰过的照片能够给人更美、更舒适的享受,何乐而不为呢?

学后期,你也会很痛苦!

初次修得好片,能让你兴奋开心一段时间,但之后一张照片的调整思路,可能会让你痛苦几天。掌握了摄影后期的基本能力,以后玩的便是思路、创意和对美的把握能力,怎样修片?是个问题!

后一种痛苦,本质上是甜蜜的,这使你陷入了一种创作的苦痛边缘。对于我们大多数初学者来说,要进入这种状态,你需要掌握基本的摄影后期能力。我们《神奇的后期》第一卷、第二卷两本书,就是帮你培养这种能力,获得踏入摄影深度创作之路的资格。其中,第一卷旨在介绍摄影后期的原理及软件的基本功能和使用技巧,帮你快速入门;而本书是第二卷,更注重后期思路+案例练习,也就是更注重实战,以大量案例来引导并开阔读者的后期视野,培养读者的修片能力。

阅读本书之前你要知道的 4 件事

在《神奇的后期》第一卷推出将近一年之后，我们推出了《神奇的后期》第二卷，本卷内容更侧重于修片思路介绍与案例实战。在正式开始学习之前，建议你花几分钟的时间，阅读以下内容，相信这会对你的后续学习有很大帮助。

1. 知其然，知其所以然

本书的创作，秉承了要让读者"知其然，知其所以然"的宗旨。在进行案例实战之前，我们对修片原理和思路都进行了简明扼要的介绍，确保读者在学完一个案例后能够真正领会精髓，达到举一反三的目的。

2. 附赠全部原书素材

本书附赠光盘内包含了所有案例的原始照片素材，甚至是笔者多次往返于山野之中拍摄的星轨素材、延时摄影素材等，也都尽数奉上。这可让读者的学习过程更加直观、简单，充分提高学习的效率。

3. 全程视频教学

本书附赠全程多媒体教学视频，读者即便不阅读本书，也可以通过观看视频来完成课程，获得与众不同的学习体验。这对于一部分中老年读者来说，更是很大的福音。

4. 后续服务

读者在学习本书的过程中如果遇到疑难问题，可以加入本书编者及读者交流群"明月摄影"，群号240653226，也可以通过扫描本群二维码加入。另外，建议读者关注我们的公众号"深度行摄"，不断学习一些有关摄影、数码后期和行摄采风的精彩内容，查找shenduxingshe或扫描下方二维码关注即可。另外，读者还可以加入"摄影之家"QQ交流群（群号198738623），获取摄影方面的相关资料。

明月摄影QQ群二维码　深度行摄公众号二维码

目 录

|第1章| 摄影后期这样上手

1.1 抓住两个核心 \ 2
    1.直方图 \ 2
    2.从色轮到混色规律 \ 4
1.2 巧妇难为无米之炊 \ 5
1.3 匠气与灵气 \ 7
1.4 莫丢失层次 \ 8
1.5 提高效率 \ 9
1.6 第三方滤镜插件 \ 11
1.7 输出的色彩配置 \ 13

|第2章| 玩转Lightroom高效后期

2.1 一般修片流程及案例 \ 17
    1.照片校正和校准 \ 17
    2.删除色差：紫边与绿边修复 \ 18
    3.照片调色 \ 19
    4.照片整体明暗的处理 \ 22
    5.画面分层次曝光改善 \ 24
    6.清晰度强化轮廓 \ 27
    7.照片细节优化：锐化与降噪 \ 28
2.2 人像精修 \ 29
    1.面部污点及瑕疵修复 \ 29
    2.柔化皮肤 \ 30
    3.提亮眼白 \ 31
2.3 一键修大片：去朦胧（去雾）实战 \ 32
2.4 曲线修片思路 \ 34
    1.理解并使用色调曲线 \ 34
    2.色调曲线综合实战 \ 38

2.5 高效批处理 \ 43
    1.手动制作并使用自己的预设 \ 43
    2.把处理操作应用到其他照片 \ 46

|第3章| 影调

3.1 正常影调的漂亮照片 \ 50
    1.裁掉高光与暗部，增强反差 \ 50
    2.S形曲线与局部微调 \ 53
    3.控制照片影调，突出主体 \ 55
    4.图层叠加，用滤色与柔光让照片变通透 \ 60

3.2 高调照片的制作 \ 63

3.3 低调照片的制作 \ 68

3.4 制作局部光效果 \ 75

3.5 丁达尔光的制作技巧 \ 80

3.6 修复照片中曝光过度的区域 \ 84

3.7 修复明暗交界的白边 \ 89

|第4章| 色调

4.1 白平衡+曲线调色 \ 92
    1.白平衡校色部分 \ 92
    2.曲线调色部分 \ 95

4.2 曲线调色与色彩平衡的应用 \ 97
    1.曲线调色的综合应用 \ 97
    2.色彩平衡调色的关键点 \ 100

4.3 色调的一般创意 \ 101
    1.暖色调 \ 101
    2.冷色调 \ 105
    3.冷暖对比色调 \ 109

4.4 黑白与单色 \ 114

4.5 高级案例：修复杂乱的色调 \ 120

|第5章| 质感

5.1 前期的拍摄技巧 \ 126
    1.控制质感 \ 126
    2.光影的质感 \ 127

5.2 锐化的程度 \ 128

1. 静物类 \ 128
2. 人像写真类 \ 131

5.3 "清晰度+锐化"打造强烈质感 \ 133

1. 一般题材 \ 133
2. 建筑类 \ 136
3. 纪实人像类 \ 141

5.4 HDR色调中的细节调整 \ 145

5.5 "调色+粗颗粒"打造古朴的质感 \ 151

|第6章| 合成

6.1 全景 \ 156

1. 后期思路指导前期拍摄 \ 156
2. 照片批处理 \ 157
3. 后期接片的操作技巧 \ 160

6.2 HDR \ 163

1. 直接拍摄出HDR效果的照片 \ 163
2. 合成HDR高动态范围画面 \ 164
3. 随心所欲地手动HDR合成 \ 170

6.3 倒影 \ 172

6.4 多重曝光 \ 175

6.5 合成必修课：素材选取法则 \ 179

6.6 置换天空 \ 179

1. 寻找合成素材 \ 179
2. 置换天空1 \ 181
3. 置换天空2 \ 189

|第7章| 风格

7.1 夏日 \ 193

7.2 小清新 \ 199

7.3 LOMO \ 205

7.4 潮湿 \ 210

7.5 画意 \ 212

7.6 复古 \ 216

第8章 创意：滤镜特效

8.1 缩微模型 \ 222
8.2 浅景深的虚化效果 \ 228
1.线性模糊 \ 228
2.光圈模糊 \ 230
8.3 小行星的视角 \ 232
8.4 小清新人像：光雾特效 \ 240
8.5 变焦的爆炸效果 \ 244
8.6 素描的艺术效果 \ 247

第9章 Lab调色

9.1 Lab模式调色的优劣 \ 251
9.2 Lab模式调色 \ 253
9.3 超现实梦幻色调 \ 260

第10章 堆栈与延时摄影

10.1 认识堆栈 \ 267
10.2 星轨 \ 268
1.为什么用堆栈得到星轨 \ 268
2.拍摄控制 \ 268
3.堆栈制作技巧 \ 269
10.3 全景深堆栈制作技巧 \ 275
10.4 延时摄影 \ 281
1.帧频与延时摄影 \ 281
2.制作要点 \ 281
3.案例：金山岭日落 \ 281

第八章 摄影后期这样上手

  摄影后期会让一部分初学者感觉难以入门，主要是因为所涉及的知识点比较多，并且初学者可能不知道哪些知识点是必须掌握的，哪些知识无足轻重。即使掌握了一些摄影后期技巧之后，修片尺度的问题，还是比较难以把握。

  这一章我们将介绍摄影后期所涉及的核心知识、修片尺度、修片效率及输出设置等内容。

1.1 抓住两个核心

许多摄影后期的初学者认为摄影后期实在太难了,打开Photoshop的界面,看到密密麻麻的菜单和面板,不知道从何学起,这主要是因为没有掌握学习的正确思路。

其实,摄影后期入门,最初你只要关注两个核心就可以了:一个是直方图,利用它来控制照片明暗;二是混色原理,掌握调色时的色彩变化规律。掌握好这两点核心知识,剩下的就是慢慢地积累和学习了。

1.直方图

打开一张照片,无论是照片的明暗还是色彩,都不能令人满意,这时,第一步要做的应该是将照片的明暗调整到一个合理的程度,使照片呈现出比较丰富的影调层次。如果仅用肉眼来判断照片的明暗层次,有时可能并不够客观,因为我们修片时,室内的光线环境是不一样的,有明有暗,这都会影响我们对照片的客观判断。另外,不同的显示器对照片明暗的呈现也会有所差别,影响我们的修片。针对这种情况,后期软件都设置了直方图这一功能。

打开照片后,可以在界面右上角看到一个直方图,这个直方图的每个区域都对应着照片不同的明暗部分。例如,直方图中的"黑色"对应着照片最黑的区域;"阴影"对应着照片的暗部;"曝光"对应着照片的整体影调;"高光"对应着照片的亮部;"白色"对应着照片最亮的部分,如图1-1所示。

图 1-1

我们在调整照片时,通过调整不同的参数,使直方图的分布更合理,再用肉眼观察,如果明暗大致符合我们的期望,即直方图与肉眼观察都较为合理,那么最终调整完的照片就一定非常漂亮,影调层次也比较丰富,如图1-2所示。这样,就不用担心室内的光线及显示器的不同会影响我们修片时的判断。

看一下调整后的照片,直方图中各区域分布比较合理,用肉眼直接观察画面,发现影调和色彩也都比较合理,这样照片就调整完了。

图 1-2

此时我们是在 Camera Raw 中打开的照片,可以看到界面右上角的直方图,如果我们直接在 Photoshop 中打开照片,那么同样在软件界面的右上角也会看到一个直方图,如图 1-3 所示,并且对照片进行的明暗处理,同样需要用直方图作为参考。需要注意的是,在 Photoshop 主界面使用直方图,应该配置为"明度"直方图。

图 1-3

总结:

在摄影后期处理照片时,无论在什么修片软件中,都需要找到直方图,并且只要找准了直方图这一坐标,那么我们的后期明暗影调层次调整就有了保障。直方图是我们学习摄影后期的第一个核心知识,初学者一定要理解和掌握好直方图的使用。

2.从色轮到混色规律

摄影后期的第二个核心知识是混色规律。

我们知道,自然界中的光线一共有七种,分别为红、橙、黄、绿、青、蓝、紫,对应到色轮图上即为红、黄、绿、青、蓝、洋红,如图1-4所示。也就是说,橙色没有在色轮图上显示,而紫色用洋红代替,但颜色的顺序保留了下来。为什么色轮图上呈现出这6种颜色呢?因为这6种颜色是在后期软件中进行色彩调整的基准颜色。其中,红色、绿色和蓝色是色彩的三原色,三原色所在的色轮直径另一端对应的色彩分别为青色、洋红和黄色。这6种颜色组成了三组颜色,而每组颜色相混合,都可以得到白色。在后期软件中调色时,它的功能设定就是以这三组颜色为基础的。例如,如果照片偏黄,那么就可以降低黄色,也可以增加蓝色,所起到的作用是一样的。因为在Photoshop的一些功能中,只有针对三原色的调整,如"曲线"功能,其三个通道分别为"红""绿"和"蓝",而没有青色、洋红与黄色。这时,如果想让照片偏黄色,那么只要降低蓝色,就相当于增加黄色。

综合起来,我们进行后期调色时,需要记住三原色及它们的补色,这样调色就不再是难题。

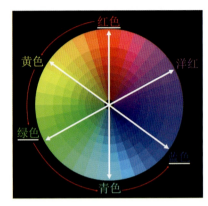

图 1-4

下面通过图1-5所示的这张照片来看一下调色是怎样进行的。

照片整体呈现出冷色调,但是观察天空与水面,发现整体色彩有一些不协调,天空中远离太阳的区域由于暖色调的干扰,也有些偏暖,应该怎样进行色彩调整呢?应该让天空的色彩与水面的色彩协调起来,调整非常简单,即降低红色,相当于增加与水面更相匹配的青色;另外,还可以降低天空区域的黄色,即相当于增加了蓝色。这样天空区域的颜色就与水面颜色更相近了。

图 1-5

调整后,可以看到照片中远离太阳的天空区域不再那么偏暖,而变得偏青,这样与水面的色彩就变得协调起来,照片的整体色调也变得自然,更加漂亮。对比这两张照片可以看到,图1-6所示的这张照片色彩令人感觉更加自然、漂亮。

图　1-6

总结：

在后期软件中，主要的调色工具有色彩平衡、曲线调色、直方图调色以及可选颜色等，这些都可以对色彩进行调整，而这些功能设定最核心的原理，就是混色规律，即上面介绍的色轮图上的互补色。打开 Photoshop 或者其他的调色软件，就可以看到，大多数的调色功能设定都是这样配置的。

1.2　巧妇难为无米之炊

摄影的后期处理，有一个前提，即我们要准备好合理的原始素材，如果我们选择的素材有问题，那么处理好之后的照片即便影调和色彩都非常漂亮，照片也未必好看，或者主题不够明显、照片不耐看。

例如，图 1-7 这张照片，调整好影调及色彩后，画面的形式是非常漂亮的，色彩和影调都不错，但照片不耐看，因为照片没有视觉中心，缺少主体对象，不能吸引观赏者的注意力。针对这种照片，可以用一句话来形容，即"巧妇难为无米之炊"，没有米，是做不出饭的。

图　1-7

看图 1-8 这张照片，同样的场景，同样的色彩及影调，但照片中出现了两个人物，这两个人物是一对父子，并且他们有各自的动作和表情。这样，在如此的美景之下，画面有了视觉中心或主体，这对照片的主题表达就起到了很好的强调作用，照片也就变得非常耐看。也就是说，我们进行后期处理之前，应该先仔细揣摩照片的构图及立意，对于构图及立意不够理想的照片，没有修片价值，要想处理成理想的摄影作品，那几乎是不现实的，除非我们只是将照片作为原始素材，与其他照片进行合成，那样才能创造出满意的作品。

图　1-8

类似的问题还有图1-9这张照片，是在阴雨天气中拍摄的新疆白哈巴。由于是阴雨天拍摄，画面比较柔和、湿润，如果想要将照片调整出阳光明媚的色彩及影调，那是不现实的，即便你的修片水平非常高，将照片处理成明媚的色调，看起来也会非常不真实。也就是说，我们在后期修片时，还应该考虑到场景自身的特点，不要提供得太少，而苛求得过多，修片还应从实际情况出发进行调整。

看图1-10这张照片，在阳光明媚的天气里，太阳将近落山时，与地面的夹角非常小，只照到了一部分树梢，被照亮的树梢就与背光的区域形成明显的影调对比，这样，我们就可以很轻松地得到明媚、干净、通透的画面效果。

图　1-10

再看图1-11所示的照片。同样的，太阳初升时分，光线与地面的夹角很小，它照射到炊烟袅袅的村落，被炊烟及晨雾折射之后，整个场景的明暗影调及色彩都非常漂亮。

图　1-9

图 1-11

总结：

从这几张照片中可以看出，我们要想获得漂亮、优美的风光画面，应该挑选一些构图、立意都比较合理的原始素材，这样才能让修片事半功倍，修出来的效果也更加自然、漂亮。而一些散射光的素材，我们不能过于苛求，想要直射光下明媚的色彩和影调效果，那是不切实际的。

1.3 匠气与灵气

摄影后期，我们不能被经验和规矩过度地束缚，即影像从心，而不是一切都照搬他人的经验。修片时，过度地追求一些光影效果、明暗对比或构图的经典法则等，那么修出来的照片会匠气太重、没有自己的特点、照片的表现力就不够、感觉呆板。

看图 1-12 所示的照片，如果按照一般的思路，尽力强化主体的两棵树，过度地强调主体与背景的明暗对比，那么就会让背景看起来极度不自然，照片看起来就显得矫揉造作，匠气很重。而此时，我们只是适当压暗了背景，保留了真实场景中的一些柔和色调特点，那么画面看起来就真实、自然，比较有灵气。

图 1-12

再看图 1-13 这张照片，从照片的整体感觉来看，就有一些匠气较重的痕迹，好在这张照片的原始构图及自身色彩比较有特点，这就在一定程度上抵消了这种匠气。也就是说，我们在后期修片时，积累一些经验，学习一些规矩，是有必要的，但我们的后期修片不能过度依赖这些经验和规矩，不能生搬硬套，还是应根据照片自身的特点进行处理，要更加相信自己的感觉，这样修片摄影作品才会更加有灵气，不会流于呆板、平淡。

图 1-13

1.4 莫丢失层次

许多有经验的摄影师都知道这样一个常识，高饱和度能够让照片看起来比较吸引人，但也会让画面丢失很多细节和层次，所以在修片时，他们都不会主动地提高饱和度，甚至会有意地压低饱和度。另外，学过直方图的知识后会明白，照片要尽量保留完整的高光及暗部细节。

对于图 1-14 这张照片来说，会降低饱和度，追回天空的一些高光，以及提亮地面的暗部区域，尽量保留完整的细节。但这样修出来的照片往往会有一个问题，那就是虽然细节比较完整，但照片整体的层次感就会偏弱，像图 1-14 这张照片一样，照片整体上缺乏一些色彩层次和立体感。

图　1-14

观察图 1-15 所示的效果，适当地保留一定的色彩饱和度之后会发现，照片的人为痕迹更淡了，色彩层次也更好了，画面更具有立体感，也更加真实、自然。

图　1-15

总结：
我们不能为了追回画面局部的高光或暗部细节而牺牲太多的色彩及明暗层次。

1.5 提高效率

每次外出拍摄，我们总会拍摄下大量的照片，那在这些照片中，如果我们要处理一幅照片，那可能需要 10 分钟，而如果我们要修 100 张照片呢，是否需要 100 个 10 分钟呢？这样工作量就太大了。显然，可以有更节省时间的方法。当前的后期处理软件都是十分智能的，具有复制或批处理的功能，我们可以将对一张照片的处理过程复制或移动到相同场景、光线条件相似的其他照片中，以提高修片效率，节省修片时间。另外，我们还可以使用软件自带的预设功能对照片进行处理，即打开照片后，我们不需要任何调整，而直接调用软件内的预设，或从网上下载一些预设，直接套用，就可以一键完成照片的调整，这样就更能够节省时间，提高效率。

看图 1-16 所示的这张照片，拍摄的是一张春季小景。

图　1-16

打开这张照片后，没有进行任何处理，直接调用了从网上下载的预设。选择其中的一种预设，照片就直接呈现出了胶片的质感和影调，非常漂亮，如图 1-17 所示。也就是说，原本可能需要很长时间才能处理出来的效果，而此时，只需要单击一下鼠标，就可以修出理想的效果。这一切都归功于软件自带或从网上下载的预设。同样的道理，只要善于使用这些预设，就可以大大提高你的修片效率。

图　1-17

如图1-18所示,这是拍摄的一组荷花的照片,这组照片中各张照片的影调效果相差不大,因此,对第一张照片进行了影调、色彩及清晰度等方面的调整。调整完成后,发现其他的几张照片也可以调整为这种风格,那这样就简单了,只需要复制下对第一张照片的操作过程,然后将这个操作过程粘贴到其他照片中,就可以看到其他的照片也调用了第一张照片的处理过程,如图1-19所示,这样就一步完成了其他照片的处理,效率是非常高的。

图 1-18

图 1-19

总结:
复制之前的操作过程,再粘贴到其他同类照片,这只是提高修片效率的一种思路。还有一种思路是,主动建立预设。同样是这个案例,对第一张照片的处理过程建立一种预设,然后选中这组照片中的其他照片,直接调用预设,就可以一步完成多张照片的处理。

1.6 第三方滤镜插件

当前的摄影后期,很多第三方的滤镜或插件是很好用的,它可以大大减轻我们后期修片的负担,也可以提高我们的修片效率,并且有一些第三方插件可以轻松修饰出比我们手动处理更好的效果。

类似的插件是非常多的,这里介绍两种。第一种是适合人像磨皮和调色的 Portraiture 滤镜。图 1-20 所示为这款滤镜的工作界面,左图为原图,右图是磨皮及大致影调调整后的画面效果。可以看到,只要载入滤镜,默认的修饰效果就非常理想了。如果对一些参数进行微调,还可以得到更加理想的效果。而要实现这种效果,如果手动操作,可能需要很长时间,也许十几分钟,也许数小时。不可否认的一点是,这种插件可以极大地提高我们的修片效率。

图 1-20

图 1-21 所示的照片也是如此,拍摄照片后,导入电脑,可以什么都不用操作,直接导入 Portraiture 滤镜,调整好效果之后,直接输出即可。这一切都是在滤镜插件中完成,而不用再通过 Photoshop 进行处理,整个过程是非常快的,可以看到最终的照片效果,人物皮肤白皙、平滑,清晰的区域也具有很好的锐度。也就是说,整体的修片效果是非常理想的。

图 1-21

再来看另一款滤镜,即尼康旗下的 Nik Software 公司推出的后期修片滤镜 Nik Collection,它是一个滤镜套装,其中包含了多款滤镜,像调色的 Color Efex Pro 4、输出的锐化滤镜以及转黑白的调色滤镜等,这几款滤镜的功能是非常强大的。早前,这些滤镜都是收费的,而在 Nik Software 被谷歌收购后,这个滤镜套装已经免费了,用户可以在网上免费下载,直接安装使用。当然,有一个前提是这组滤镜需要载入 Photoshop 或 Lightroom 中才能使用。

图 1-22 所示的照片,是在北京城西的定都峰拍摄的日落画面,原始照片处理成了冷色调的效果,这样可以增强画面的通透感。

图 1-22

将这张照片载入 Nik Collection 的 Color Efex Pro 4 这款滤镜,可以尝试非常多的滤镜效果,即一键实现多种不同的色彩及影调效果。图 1-23 使用了暖色调的渐变,突出了暖色调的落日效果,并且,还可以根据个人感觉调整偏暖的方向,例如,想让照片偏红或偏黄一点,就可以在右侧界面中调整相应的参数。

图 1-23

总结:

以上介绍了非常适合人像修片的 Portraiture 滤镜以及适合风光修片的 Nik Collection 滤镜,这类第三方滤镜可以帮我们节省修片时间,提高修片效率。但是,如果过度依赖滤镜,那么就得不偿失了,如果你不能对摄影后期进行深入的理解和掌握,是无法修出很好的摄影作品的。从整体上来看,对于第三方滤镜,我们还是应该有正确的使用态度,从而让这些滤镜更好地为我们所用。

1.7 输出的色彩配置

对照片进行处理后，保存为 JPEG 格式，在网络上进行分享时，你经常会发现一些明显的问题，那就是在后期软件中修出的效果与上传到网络的效果差别非常大，尤其是色彩及影调方面，为什么会出现这种情况呢？答案其实很简单，是色彩空间的设定差异造成的。

正常来说，我们要涉及两个层面的色彩空间：第一个层面是软件的色彩空间配置，所谓软件的色彩空间配置，是指使用该软件进行修片时，软件会提供一个非常宽的色域，即色彩空间，以能够容纳要处理的照片的色彩空间；第二个层面是照片自身的色彩空间，比如在拍照时，相机就要为照片配置一个色彩空间，即 sRGB 或 Adobe RGB。

这时就存在一个问题，如果软件的色彩空间设置得比较小，为 sRGB 色彩空间，而照片是色域比较大的 Adobe RGB 色彩空间，那么照片导入 Photoshop 中后，由于 Photoshop 中的色彩空间比较小，容纳不了照片的色彩空间，就必然会造成色彩信息的溢出，即损失了一些色彩信息。由此可见，Photoshop 自身的色彩空间应设置得大一些，至少应设置为 Adobe RGB 色彩空间，或设置为更大的色彩空间。

在 Photoshop 的主界面打开一张照片后，选择菜单栏中的"编辑"|"颜色设置"选项，如图 1-24 所示。

图　1-24

此时会打开"颜色设置"对话框，如图 1-25 所示。

在"工作空间"选项组中打开"RGB"下拉列表，可以看到有多种色彩空间可供选择，常用的有 sRGB、Adobe RGB 等。ProPhoto RGB 色彩空间是近年来 Adobe 公司推出的一种色域非常宽广的色彩空间，其色彩空间比 Adobe RGB 色彩空间还要大。将色彩空间设置为 ProPhoto RGB 后，那么我们无论在 Photoshop 中打开什么样的照片，一般都不会出现色彩信息溢出的问题了。当然，对于一般的照片处理来说，无论我们将 Photoshop 配置为 ProPhoto RGB 还是 Adobe RGB，都是可以的，因为在当前来看，ProPhoto RGB 的普及范围还是小一些，而 Adobe RGB 色彩空间的色域也算比较宽广，并且普及范围更广一些。

图 1-25

下面再来看另外一个有关色彩空间的功能配置。选择菜单栏中的"编辑"|"指定配置文件"选项，打开"指定配置文件"对话框，如图 1-26 所示。选中"配置文件"单选按钮，并在其下拉列表中选择"Adobe RGB"或"sRGB"，这里的含义是，为我们所打开的照片进行色彩空间配置，例如，假设我们打开照片的色彩空间是 sRGB，那么打开这张照片后，如果将"配置文件"设置为"Adobe RGB"，那么就可以将这张照片自身的色彩空间转换为 Adobe RGB。

图 1-26

下面再来看第三个比较重要的色彩空间设定。选择菜单栏中的"编辑"|"转换为配置文件"选项，打开"转换为配置文件"对话框，如图 1-27 所示。在"源空间"选项组中可以看到配置文件的色彩空间为 Adobe RGB，这表示我们在 Photoshop 中打开的工作平台自身的色彩空间是 Adobe RGB。在"目标空间"选项组中可以看到配置文件的色彩空间为 sRGB，这表示我们对照片进行后期处理后，无论照片原来是什么色彩空间，在后期输出时，都会将其色彩空间配置为 sRGB。这种配置对于大部分用户来说是比较适合的，因为 sRGB 色彩空间比较适合在显示器、网络等各种显示设备上浏览和观察，即我们推荐大多数用户使用这种配置。如果你的照片可能会有印刷或冲洗的需求，那么可以将配置文件设置为 Adobe RGB，这样照片的色彩空间就会宽广一些，打印、印刷或喷绘出的效果会更理想。但如果选择 Adobe RGB 色彩空间，那么在网络上浏览时，可能会产生一些色彩的偏差，与我们输出时的照片感觉不同，但无论如何，应理解原空间及目标空间的配置文件，这样以后在遇到我们处理后的照片与输出的照片发生不一致的情况时，就会明白是色彩空间不一致造成的，也就知道了解决方法。

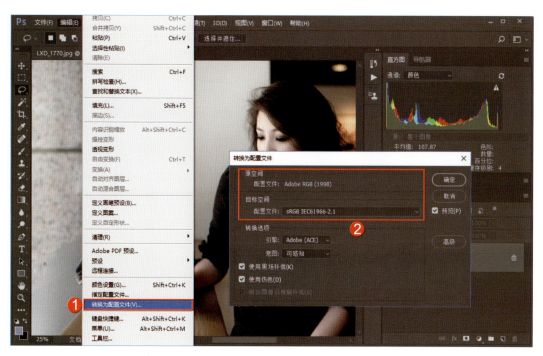

图　1-27

总结：

需要重点说明的是：如果你发现了色彩不一致的问题，比如在 Photoshop 当中看到照片色彩及影调都非常漂亮，但转为 JPEG 格式在其他软件上浏览时色彩变得灰暗难看，如果要解决这一问题，那就应该是在"转换为配置文件"这个对话框中，将"目标空间"下的配置文件转为 sRGB 的色彩空间，然后再保存照片，你就会发现，色彩变得一致起来了！

第2章 玩转Lightroom高效后期

许多人看不上Lightroom这款软件，觉得功能限制太多了，如不能进行照片合成、使用专业滤镜制作特殊效果等。但近年来，Lightroom软件的市场占有率却在不断提高，我想这主要是因为该软件更容易上手，且修片的质量和效率都比较出众。

根据我接触到的摄影圈朋友来看，Lightroom的用户群体也足够奇葩，商业摄影师和后期初入门者是最大的两个群体。此外，拥有多年摄影和后期经验，但现在对照片合成及特效不再热衷的许多老摄影师，也比较喜欢使用Lightroom。

2.1 一般修片流程及案例

1.照片校正和校准

照片暗角的形成有三个原因：①场景的光线进入相机，向镜头内透镜中间直射的光线强，四周照射的光线弱，这样就会造成四角与中间的曝光程度会有轻微的差别，四周稍低一些，就产生了暗角，使用广角镜头时，这种暗角现象最为明显；②拍摄时设定的光圈如果很大，几乎接近了镜头的直径，这样镜壁可能会产生阴影，当然这与镜头的设计也有一定关系；③如果滤镜或是遮光罩的安装不正确，或是设计有问题，遮挡住了边缘光线，那么会产生非常黑的暗角，这种暗角通常称为机械暗角。

针对前两种暗角，启用配置文件就可以进行很好的修复。并且，在修复暗角的同时，还可以对照片中的几何畸变产生很好的校正效果。针对机械暗角，几乎是无法通过后期软件进行校正的，

一旦拍摄完成，那么解决方案只有一个，就是裁剪。

下面我们来看一般暗角的修复技巧。如图2-1所示，照片的四个角轻微偏暗，再观察画面四周，特别像右下角这种线条，是有一些几何畸变的。

图 2-1

要解决暗角及畸变的问题，在"镜头校正"面板中切换到"配置文件"选项卡，在选项卡上方选中"启用配置文件校正"复选框。此时，系统会自行识别拍摄用的机型及镜头等器材，如图2-2所示，系统识别出相机制造商和镜头信息后，你会发现照片的几何畸变和暗角都得到了很好的校正。

另外一些时候，暗角校正可能会让照片四周变得太亮，即校正过度，此时可以调整底部的暗角滑块，从而让暗角的校正变得完美起来。同样的，如果几何畸变的校正不够理想，那么调整扭曲度滑块就可以了。

图 2-2

2.删除色差：紫边与绿边修复

紫边（或绿边）的产生有两大方面的原因：①背光拍摄、大光比是紫边产生的自然原因，亮部与背光的暗部结合部位会产生紫边，也可能是绿边；②镜头内透镜组件的光学性能不足、感光元件 CMOS 上成像单元密度过大等是紫边产生的技术原因。自然原因无法避免，但相机厂商在高性能镜头中采用非球面镜片，可以有效地抑制色散及紫边现象，或是这种现象会非常轻微。

一般情况下的紫边效果非常微弱，并不影响照片整体视觉效果，但如果放大照片，就会变得比较明显。这样来看，即便不对紫边进行修复，也无伤大雅。但随着当前显示设备的精度越来越高，我们还是应该从追求完美的角度出发，修复照片中的紫边。打开图 2-3 所示的照片，并进行初步优化和处理。

图 2-3

放大照片，可以帮助你更清晰地看到色彩失真的边缘。切换到"镜头校正"选项卡，选中"删除色差"复选框，那失真的色彩边缘一般会得到很好的校正，修复紫边前后的效果对比如图 2-4 所示。

图 2-4

TIPS

自动与手动修复紫边

删除色差处理，是由软件经过内部计算和识别，自动完成校正的。如果你感觉自动校正的效果不够理想，也可以利用手动修复的方式来进行校正。在所选出的色彩范围之内，拖动数量滑块，就可以对失真的紫边或绿边进行很好的修复。

3.照片调色

（1）利用白平衡模式与色温调色。

如果拍片时的相机白平衡模式设置有问题，那照片整体是偏色的。如果你拍摄了 RAW 格式照片，那就可以让照片得到很好的校正，确保色彩还原准确。对照片白平衡的校正，最简单的方法是使用"基本"选项卡上方的白平衡下拉列表，如图 2-5 所示。

图　2-5

调整时，直接在白平衡后面的下拉列表中选择不同的白平衡模式即可。这张照片我们拍摄了 RAW 格式，校正白平衡时，在"基本"选项卡上方的白平衡列表中，根据现场光线状态选择"日光"白平衡，即可取得较好的效果。设定白平衡后，如果感觉色彩不够理想，还可以调整下方的色温和色调参数。如果色彩偏暖，那就向左滑动色温滑块，反之向右拖动；如果照片偏洋红色，则向左拖动色调滑块，反之向右拖动即可，对照片色彩微调后的参数和照片效果如图 2-6 所示。

图　2-6

（2）利用中性灰校准白平衡，获取准确色彩。

照片中的中性灰用于告诉软件，打开的照片可以用其来进行颜色的对比，还原照片色彩。在"基本"选项卡的左上角，可以看到一个很大的吸管形按钮，名为"白平衡选择器"，单击选中该按钮即可使用。具体使用时，需要寻找要校色照片中的中性灰像素区域，单击拾色，这个过程就告诉了照片，你选择的位置就是中性灰，利用这个中性灰，就可以准确还原照片色彩了。

在使用"白平衡选择器"选择中性灰之前，我们可以先单击"复位"按钮，将照片的色彩恢复一下，然后再选择"白平衡选择器"，如图2-7所示。

图　2-7

为了避免用户选择的中性灰产生较大失误，Lightroom设置了"拾取目标中性色"面板，该面板放大显示了光标指示位置周边像素的颜色，通过显示的颜色可以帮助用户更为准确地确定中性灰。如图2-8所示，不断地轻移光标，让"拾取目标中性色"面板中间像素的颜色尽量接近中性灰。确定中性灰像素后单击鼠标，即可完成白平衡的校准，最后单击界面右下角的"完成"按钮返回主界面。

图　2-8

TIPS

如果我们找到的中性灰位置是偏暖色的,那么校正白平衡后的照片色彩是偏冷色调的;如果确定的中性灰位置是偏冷色的,那校正白平衡后的照片色彩就会偏暖色。这都是不准确的,只有找到了真正的中性灰位置,照片色彩才能准确还原。

如果照片中没有理想的中性灰位置,或是我们选择的位置仍然有一些问题,那校色后的效果便不能令人完全满意,这时依然可以在"基本"面板中对色温和色调值进行微调,让照片的色彩变得更加准确、漂亮,如图 2-9 所示。

图 2-9

TIPS

错误但漂亮的色彩

有时我们找的中性灰并不准确,但却能够让照片呈现出更漂亮的色彩。这时我们可以将错就错,只要照片漂亮就好。

总结:

可能初学者会觉得利用"白平衡选择器"查找中性灰校正白平衡比较麻烦,但事实上该工具是非常有效的。在你对照片的色彩无法把握时,使用"白平衡选择器"的吸管可以制作出多种色彩效果,能够帮你很轻松地找到漂亮的色调效果。

4.照片整体明暗的处理

通过白平衡校正，将照片的色彩准确还原之后，接下来就可以对照片的影调层次进行修饰和优化。

打开一张原始照片后，你可能会发现照片的影调层次是不够理想的，可能偏亮或偏暗一些，并且对比度不够，层次显得不明显，不够丰富。现在我们打开如图 2-10 所示的照片，可以看到影调是有一些问题的，不够理想；而从直方图来看，是缺乏一些暗部和高光像素的。

图 2-10

在"基本"选项卡中，我们首先应该适当提高曝光值，这样可以整体提升照片的亮度。提高曝光值时，要注意不能让直方图右侧触及边线（触及边线时直方图右上角的黑色三角块会变白），并且应该确保直方图的分布要均匀一些，不要过度偏左或偏右，如图 2-11 所示。

也就是说，曝光值是控制照片整体明暗的主要参数。

图 2-11

经过前面的调整之后，我们从直方图看到，左侧和右侧仍然是缺乏像素分布的，那就表示照片的暗部不够黑，且亮部不够白。

"基本"选项卡的参数组中，白色色阶和黑色色阶调整，其意义在于让照片像素从最亮的 255 到最暗的 0 都有分布。

提高白色色阶，降低黑色色阶，让照片的暗部够黑，亮部够白。调整时要注意，不要让直方图左上和右上的三角块如图 2-12 所示变白，一旦变白，就表示暗部和亮部出现细节溢出了。

图 2-12

所以，调整时注意观察，一旦这两个三角标志变成了白色，那就适当往回拖一下滑块，让三角标志不再为白色。变为彩色则没有太大关系，因为损失一些某种单色的像素有时无可避免。这样，照片调整后的画面效果、参数及直方图状态如图 2-13 所示。

图 2-13

5.画面分层次曝光改善

对曝光值、白色和黑色色阶进行调整之后,照片的整体明暗层次会得到修饰。但照片看起来中间调区域的对比还不够明显,影调层次不够丰富,这可以通过适当提高照片对比度来实现,适当提高对比的参数,此时的照片画面及直方图如图 2-14 所示。

图 2-14

对任何一张照片,一旦提高对比度,就无可避免地提亮亮部、压暗暗部,如果调整的力度比较大,那可能会让暗部过暗、亮部过亮,产生黑色和白色的溢出。我们对上面的照片调整之后,从直方图可以看到,左上和右上的三角标志又变为了白色,如图 2-15 所示。与之之对应的是照片当中,可以看到高光部位产生了溢出,无法看出细节;暗部几乎变成了纯黑,无法看出层次细节。

图 2-15

因此，我们要对过高的调整力度进行修复，这时使用高光和阴影这两个参数调整来实现。适当降低高光值，可以看到高光位置变暗，显示出了细节层次，而直方图右上角的高光标志也不再是白色；同理，适当提高阴影值，追回暗部损失的细节层次。参数设定及照片效果如图 2-16 所示。

图 2-16

对各个参数进行调整之后，目前照片处在了一种比较理想的状态，我们无论从画面效果来看，还是观察直方图，都是比较合理的。此时的参数及直方图如图 2-17 所示。如果没有特殊需求，那么此时照片的调整就告一段落了。

图 2-17

TIPS

强行提高对比度的优劣

本例中提高了对比度,这样可以进一步丰富照片的影调层次。提高对比度后,为避免暗部和高光损失细节,一般必须降低高光和提亮阴影。但你要注意的是,提高对比度,会强化像素之间的明暗和色彩对比,会无可避免地提高画面的色彩浓郁程度,有时会显得不够真实自然。所以我们的调整力度还是不要太大。

图 2-18 所示是我们调整后的照片效果。

图 2-18

TIPS

自动色调功能的使用技巧与价值

(1)上述调整过程都是手动的,大部分情况我们也是这样进行后期操作。在对照片进行的色调处理区域中,还有一个比较有意思的功能——"自动"色调处理。在色调处理区域的上方,我们可以单击"自动"这个按钮,那么Lightroom就会根据原照片的明暗情况进行智能优化。

(2)自动色调功能对于后期高手来说,是具有一定参考价值的。在进行手动调整之前,可以先自动处理,查看各调整滑块的变化方向。那我们在手动调整时,就可以有参照性地进行操作了。

6.清晰度强化轮廓

在"基本"选项卡的上半部分，通过白平衡校正、色调调整，可以将照片的基本明暗影调层次、色彩等优化到比较理想的程度。但是，如果放大照片，我们仍然会从照片画面中看到一些不足，比如图2-19所示调整后的画面，从中可以看到天空右侧的云层与水面浮桥，轮廓都不太清晰，没有那种非常鲜明的线条轮廓感以及质感。

图 2-19

如果要强化部分景物的轮廓及质感效果，可以使用"基本"选项卡底部的偏好参数组来实现。处理方法非常简单，只要向右拖动"清晰度"滑块，提高清晰度值就可以了，这时你会发现部分景物的轮廓更加鲜明清晰。不过要注意一点，这种清晰度调整是通过强化景物边缘的对比度来实现的，如果对比度调整力度过大，那可能会让景物边缘出现白边或黑边等不够自然的问题，因此清晰度值并不是越大越好，在调整时要注意观察照片的变化，将这个值调整到大致合理的程度就可以了。

另外，还要注意，因为我们强化了景物边缘的轮廓对比度，有时可能会让照片产生暗部或高光溢出的现象，需要适当调整一下画面的黑色色阶、白色色阶、高光或阴影等参数值，如图2-20所示。

图 2-20

7.照片细节优化：锐化与降噪

清晰度调整能够让景物的轮廓变得明显，但这代替不了锐化的作用。锐化是通过对像素边缘强化，让照片画面整体变得更加锐利，细节变得更加丰富。

锐化也隐藏着弊端，大强度的锐化，会让一些衔接比较平滑的局部区域出现像素的碎片化，变得不再平滑；还有时会让一些局部的噪点变得更加清晰明显。这时就需要使用降噪功能来优化画面，让原本较多噪点的照片画质变得细腻平滑起来。在Lightroom中，有关照片锐化与降噪的功能，都集成在了"细节"选项卡中。

在"锐化"区域有4个参数，Lightroom中对照片进行锐化，数值的设定一般不宜超过100，设为50左右的锐化效果就非常明显。半径滑块命令也非常简单，唯一需要注意的是，这里的半径不是以像素为单位的，通常不能设定太大，建议设定为0.5~1.5之间的数值，最大不宜超过1.5。细节滑块命令的含义是这样的，数值较低时不锐化照片中的细节，设定高的数值时会突出照片的细节。建议在对照片进行了降噪之后，就不要再改变细节滑块，让其保持在0~30内即可；如果是在光线比较理想的条件下拍摄的照片，没必要进行降噪处理时，可以适当增大这个数值。

"明亮度"是降噪的程度，提高明亮度数值，你会发现画面中的噪点明显减少了。提高明亮度滑块后，细节滑块直接跳为50，这个滑块用于抵消提高明亮度降噪所带来的细节损失，参数越大，保留的细节越多，即降噪效果越不明显；对比度这个滑块是用于抵消降噪带来的对比度下降，该功能非常不明显，保持默认的0即可。

如果降噪已经有了一定效果，但仍然存在大量彩色的噪点，这时就需要使用颜色滑块来进行调整了，提高颜色滑块的数值，彩色噪点就会被消除。在"颜色"滑块下方，也有两个可以进行微调效果的滑块。其中，颜色细节滑块用于抵消一部分降噪对色彩的影响；而颜色平滑度则更有用一些，可以消除暗部密集的彩色小噪点。在调整颜色滑块之后，这两个参数均自动跳为50，保持默认即可，因为即便调整这两个滑块，对画面效果的影响也非常不明显。

一般情况下，我们先提高锐化的数量值，也就是增强锐化程度，然后再轻微提高明亮度值，让照片变得平滑，如图2-21所示。

图 2-21

总结：

（1）对于一般光线下的照片，通常是先进行锐化处理，最后再对锐化产生的噪点进行降噪处理；但针对有大量噪点的弱光照片，要先在"细节"选项卡中进行降噪，然后再进行锐化处理。

（2）照片的处理流程是这样的：先对照片的构图（裁剪二次构图）、明暗影调、色彩进行处理，最后才是在"细节"选项卡中进行锐化或降噪处理。

2.2 人像精修

人像摄影与一般的题材不同，前期拍摄需要人工光源的干预，而后期修饰也有一些特殊之处。我们需要对人物的面部进行精修，如去瑕疵、美肤、重塑脸型等；而对于肢体，也经常需要进行重新的塑形。下面我们将介绍人像题材的后期精修，人物的五官、脸型等进行重新塑型和修饰。

1.面部污点及瑕疵修复

无论化妆还是素颜，一旦你拍摄人物的特写照片，那人物面部的污点、瑕疵等在数码单反相机高解像力下会变得相当恐怖。

对污点及瑕疵，在 Lightroom 中可以利用污点修复工具进行修复。在工具栏中单击选中污点去除工具，并在该面板中设置画笔的大小，将画笔放在污点及瑕疵上单击，软件就会智能化地自动寻找周边干净的背景作为模仿源，然后混合出新的像素来填充污点部分，实现修复。

修复的过程如图 2-22 所示。

TIPS

如果模仿源与污点周边相似度不够，还可以拖动模仿源的位置。

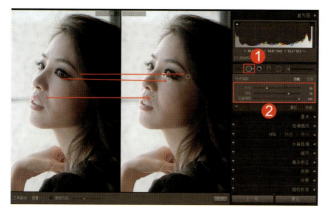

图 2-22

对人物进行污点修复后，可以看到人物面部已经非常干净，如图 2-23 所示。

图 2-23

2.柔化皮肤

无论多光滑的皮肤，在单反相机高性能的镜头下，都会变得分毫毕现。这时借助于后期软件对人物皮肤进行柔化处理，可以让人物肤质平滑、白皙。这可以使用调整画笔工具来轻松实现。选择调整画笔工具，将清晰度降低为 0，在人物大片的肌肤部位涂抹，可以起到很好的柔化效果，人物的皮肤就会变得非常光滑。

此外还应该降低饱和度，以免人物肤色偏黄或是偏紫，同时提高曝光值，让人物肤色变亮。在图 2-24 所示的界面中，还适当降低了高光，这样可以避免提高曝光值处理时产生高光溢出的问题。

图　2-24

最后，你还需要注意的问题就是适当缩小画笔直径，尽量避开人物的眼眉、睫毛、嘴唇等重点轮廓线部位。

即便还没有完全调整完毕，从图 2-25 中也可以看到，人物肤质变的平滑，肤色也变得白皙、细腻起来。调整完毕后，单击视图窗口右下角的"完成"按钮退出工具修饰状态即可。

图　2-25

3.提亮眼白

因为光线朝向,以及眉骨、睫毛、眼睑等的遮挡,人物的眼白可能不够白,这会让人物的眼睛不够清澈,神采变弱,不够精神,严重的甚至会让整个人物显得活力不足。从图2-26中我们就可以看到,人物的眼白部分不够清澈、干净,严重影响了照片的表现力。

图 2-26

将调整画笔工具的笔触直径缩小,以刚好能覆盖住眼白区域为佳。将所有参数都归0之后,再适当轻微降低饱和度,适当提高曝光度,然后用调整画笔在人物眼白处轻轻涂抹,此时你可以发现已经提亮了眼白,处理过程及大致效果如图2-27所示。

图 2-27

2.3 一键修大片：去朦胧（去雾）实战

照片灰雾度高，不够通透，是很难解决的问题。但这无可避免，在雾霾弥漫的城市中，在晨雾中，或是隔着飞机窗户拍摄时，可能都会产生这种问题。在 Lightroom 中有照片去朦胧（去雾）功能，可以实现很好的去雾效果，让照片变得通透起来。

去朦胧功能的使用非常简单，只要提高这个参数值就可以了。但要注意一点，照片进行去雾操作后，色彩的饱和度、反差等可能会产生剧烈的变化，所以用户要结合 Lightroom 的其他选项卡，同时对明暗影调及色彩等进行相关处理，最终获得整体非常理想的照片效果。下面来看具体案例，落日白塔，这是很美的画面，但照片却不够通透干净，如图 2-28 所示。

图 2-28

切换到"效果"选项卡，我们准备使用去朦胧功能来进行初步的优化。

直接向右拖动"去朦胧"下的滑块，提高去朦胧的参数值，可以看到照片变得通透了很多，相应的对比度明显变高，色彩变得更加浓郁，如图 2-29 所示。与此同时，一些局部还出现了暗角及影调不匀的现象，如左上角的明暗过渡变得散乱，还出现了明显暗角。

图 2-29

这时就需要按照我们前面所介绍的，对照片去朦胧操作后，虽然灰雾度降低，照片变得很通透，但却要借助于 Lightroom 的其他功能来消除一些不利的影响。

首先我们切换到"镜头校正"选项卡，选中"启用配置文件校正"复选框，对照片的边角畸变和暗角进行校正，如果启用配置文件的效果不够明显，那还应该拖动底部的"暗角"等参数进行手动校正，如图 2-30 所示。

对边角校正后期，我们再来优化照片的明暗影调问题。此时可以看到照片的暗部明显太黑，看不清层次。因此我们切换到"基本"选项卡，在其中对阴影部分进行提亮操作，让暗部显示出更多的层次；

与此同时，再适当调整色温，让照片的色彩更加漂亮；整体观察照片的处理效果，可以看到还是太暗了，从直方图中也可以看出，像素在暗部过度集中。因此我们适当提高曝光值，让照片整体变亮一点；为了防止最暗部不够黑，再轻微地降低黑色色阶。这样最终的参数设定和照片效果如图 2-31 所示。

图 2-30

图 2-31

照片调整完毕后，效果如图 2-32 所示。可以看到，画面变得非常通透、干净，色彩也非常迷人漂亮。

图 2-32

2.4 曲线修片思路

Lightroom 照片处理的第二个选项卡是色调曲线。利用色调曲线可以对照片的整体亮度、对比度、亮部和暗部色阶等进行大幅度的调整。

在实际应用当中，色调曲线修片是一种完全不同的思路，这种思路更接近于 Photoshop 的修片方式，所以这部分内容更专业一些。

1.理解并使用色调曲线

如果我们不使用"基本"选项卡内的曝光值、黑色色阶、白色色阶、阴影和高光等参数，那仍然可以使用 Lightroom 中的色调曲线来进行照片的后期处理。并且，在照片后期调色方面，利用色调曲线会更方便一些，功能也更加强大。有关曲线各部分对应的含义，以及曲线调整的方法，在我们《神奇的后期》第一卷当中，已经有过详细介绍，这里就不再赘述。我们以一个综合案例为基础，介绍色调曲线的原理及使用技巧。

选中照片，切换到修改照片界面，然后切换到"色调曲线"选项卡，如图 2-33 所示。

图 2-33

在"色调曲线"面板当中，高光代表区域如图 2-34 所示；阴影代表区域如图 2-35 所示；亮色调代表区域如图 2-36 所示；暗色调代表区域如图 2-37 所示。拖动滑块时，变化的不单是参数，还有曲线的形状和直方图波形。

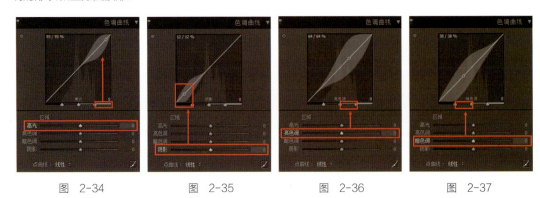

图 2-34　　　　　图 2-35　　　　　图 2-36　　　　　图 2-37

观察直方图，从中可以看到亮色调像素偏暗，且过于集中，造成了缺乏高光，因此我们先提高亮色调，在拖动亮色调值时，曲线会给出参考的区域。提高亮色调值时，要注意观察上方的直方图面板，不要让直方图右侧出现溢出，此时的参数变化、曲线形状、直方图和照片效果如图 2-38 所示。

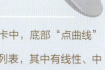

TIPS

在"色调曲线"选项卡中，底部"点曲线"这个功能后面有一个下拉列表，其中有线性、中对比度和强对比度三个选项，首先要确保设定了"线性"。

图 2-38

接下来，向左拖动暗色调值，同样也是要参考曲线的区域变化，并观察顶部的直方图面板，最终调整到让照片暗部层次也变得理想起来。此时的参数变化、曲线形状、直方图形状及照片画面如图 2-39 所示。

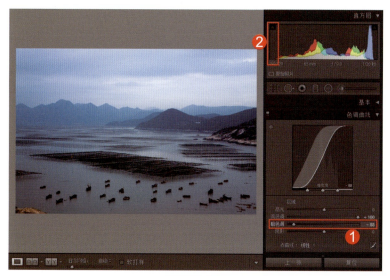

图 2-39

最后的操作，主要是针对高光和阴影来进行调整。

从色调曲线中间的直方图来看，是缺乏高光区域的，因此我们提高高光值，让照片中天空的最亮部位变亮。同样，调整时也要注意不要出现高光溢出。此时的各项参数及照片效果如图2-40所示。

TIPS

在"色调曲线"选项卡中，亮色调对应的是"基本"选项卡中的白色色阶，暗色调对应的是黑色色阶。

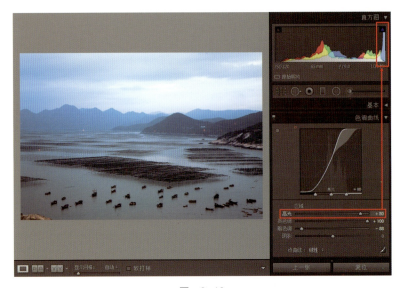

图 2-40

用同样的方法，暗部最黑的像素层次也调出来，参数、直方图及照片效果如图2-41所示。到此，主要的调整就完成了，可以看到经过对亮色调、暗色调、高光和阴影参数进行调整后，顶部直方图面板中的直方图变得合理起来，而照片画面也漂亮了很多。

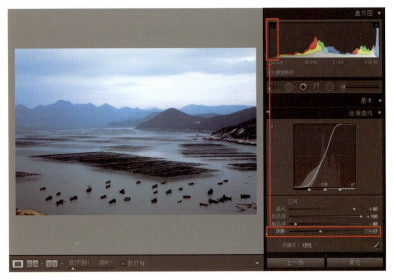

图 2-41

在 Lightroom 的"色调曲线"面板中，左上角有一个"目标选择与调整工具"，选中该工具后，将光标放在明暗不合理的位置，按住向上拖动会提亮这个位置，向下拖动会压暗这个位置。这里我们将亮度太低的景物部分提亮一些，如图 2-42 中的第 2 步操作。照片调整之后，效果变好，但还是欠缺一点通透度。这时，你还可以在曲线中间单击创建一个锚点，并按住这个锚点向下拖动，让照片中间调的对比度高一些，对照片的影调层次进行进一步的优化（向下拖动曲线中间调，会让曲线斜率变大，就会增加对比度）。

图 2-42

利用色调曲线对影调进行优化后，照片的影调层次变得漂亮起来，此时的照片调整前后效果对比如图 2-43 所示。

> **TIPS**
>
> 默认情况下，将光标移动到曲线上时会生成锚点，但移开光标则锚点消失。在色调曲线选项右下角，单击"单击以编辑点曲线"按钮，曲线会由滑块拖动状态切换到锚点调整状态。在这种状态下，就可以先在曲线上打点，然后再拖动锚点进行调整。这种利用锚点调整曲线只是另外一种调整方式，与滑块调整的方法并无太大的不同。

图 2-43

2.色调曲线综合实战

在上一节的案例当中,我们只是对影调进行了调整,在"色调曲线"面板当中,更为重要的是,我们可以对照片的色彩进行专业的优化。

打开图2-44所示的照片,可以看到照片的通透度不够,适当加强对比可以改善这个问题;而照片的色彩有些偏黄,后续我们可以通过曲线调色来解决这个问题。首先,切换到"色调曲线"面板。

图 2-44

在"色调曲线"面板的左上角单击"目标选择与调整工具",将光标移动到照片中光线照射的亮部,按住向上拖动,可以加强这部分的亮度。当然,在向上拖动时,可以参照一下曲线面板中出现的参考区域,如图2-45所示。

图 2-45

太阳光线照射的亮部调整到位后，再将光标移动到背光的区域，按住鼠标向下拖动，压低这部分的亮度，调整过程中同样要参考系统给予的参考区域，如图 2-46 所示。

经过提亮亮部，压暗暗部，便增强了照片的对比度，可以看到照片的通透度是有所增强的。

图 2-46

天空也是属于亮调的，在提高亮部时，无可避免地影响到了天空，这部分变得更亮了，无法显示出很清晰的层次。所以，在此我们应该继续将光标移动到天空上，按住向下拖动，适当降低这部分的亮度，让天空显示出更丰富的层次，如图 2-47 所示。

至此，照片的明暗影调层次就调整结束了。

图 2-47

照片明暗调整到位后，接下来我们解决色彩偏黄的问题。

首先在"色调曲线"面板的右下角单击"单击以编辑点曲线"，面板视图会切换到另外一种形式。可以看到曲线下方出现了通道选项，如图 2-48 所示。

图 2-48

在"通道"下拉列表中有 RGB、红色、绿色和蓝色 4 个通道，但我们却要改变黄色过重的问题。怎么办？很简单，根据我们介绍过的混色原理，黄色 + 蓝色 = 白色，即蓝色的补色为黄色，只要我们增强蓝色，就相当于降低了黄色。因此我们先在通道中选择蓝色通道，切换到曲线；选中"目标选择与调整工具"，将光标移动到照片当中；根据我们的经验，像是远景背光的山体偏蓝一点是很正常的，因此我们在这个位置按住鼠标向上拖动，即可增强蓝色，降低黄色。整个处理过程如图 2-49 所示。

图 2-49

色彩之间不是单独存在的，总是混合在一起。因此我们提高局部的蓝色后，总是会干扰到其他部位。本例中提高了山体的蓝色，连带天空及近景的山体都变得偏蓝了一些，因此我们应该将光标移动到这些我们不想要偏蓝的位置，按住向下拖动，恢复这些位置原本的色彩，此时的曲线形状及照片画面如图 2-50 所示。

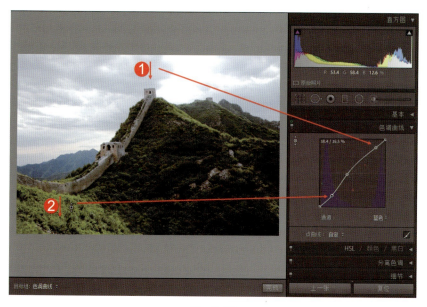

图　2-50

只使用蓝色曲线是无法将照片彻底调整到位的，观察照片我们可以发现，此时的天空是有些偏洋红（或说是偏紫）的。虽然通道中没有洋红选项，但你会想到洋红的补色是绿色，因此我们可以通过调整绿色来实现对洋红的改变。在通道中选择绿色，切换到绿色曲线，再选中"目标选择与调整工具"，将光标移动到天空上，按住向上拖动，会增强绿色，就相当于降低了洋红，如图 2-51 所示。

图　2-51

此时近景的山体因为干扰，也变得过于偏绿，因此将光标移动到这个位置，按住向下拖动，降低一些绿色，让这部分恢复到正常的色彩。这样照片整体就变得比较理想了，最后单击"完成"按钮返回即可。绿色曲线的微调过程及照片画面如图 2-52 所示。

图　2-52

照片调整完毕后，可以对照调整前后的效果，如图 2-53 所示。

图　2-53

总结：

从照片的原始状态到调整之后，可以看到影调和色彩都变得更漂亮了，变化并不算太明显。你不要觉得如此轻微的调整没必要小题大做，但对于大部分成功的摄影作品来说，其成败往往就取决于这看似微小的细节。而这种轻微的调整，也往往是最难的、最考验你的后期功底的。

2.5 高效批处理

1.手动制作并使用自己的预设

Lightroom 内置的预设还是比较简单的，可能并不符合我们想要的预期效果，但我们又想加快处理速度，这时可以自制预设来提高修片效率。

看图 2-54 所示的这组夜景照片，一次性拍摄了几十张，大多数的色调及影调都是相似的，如果逐张进行后期调整，那要花费的时间是很多的。

图 2-54

先对随便挑选的这张照片进行调整，具体调整的项目包括白平衡校准，以及曝光值、对比度、高光、阴影、白色色阶、黑色色阶和鲜艳度等。最终调整后的照片效果已经大致令人满意，色调漂亮，且影调层次比较自然。

此时的参数和照片效果如图 2-55 所示。

图 2-55

这时，我们不要着急对下一张照片进行类似的调整。可以尝试将对第一张照片的调整过程记录下来，制作为预设，然后在修下一张照片时，直接套用预设，那速度会是很快的，并且修片的稳定性和一致性也有保障。

打开左侧的预设面板，在预设标题后面单击"新建预设"按钮（即"+"号），会弹出新建修改预设对话框，在该对话框中单击"全选"按钮，这样可以确保不会遗漏对照片所做的任何一项修改。然后单击"创建"按钮，接下来在弹出的命名对话框中将自制预设命名为"夜景"，这样在预设面板的用户预设中就生成了名为"夜景"的自制预设，如图 2-56 所示，最后单击"创建"按钮。到此，针对夜景这组照片的预设就建立好了。

图 2-56

这样，在对后面多张曝光、色彩等设定都相差不大的原始照片进行处理时，就不必再单独进行处理了，可以直接调用自制预设一步到位地完成后期操作。如图 2-57 所示，在底部的胶片窗口中选中要处理的同类照片，工作区会以大图显示出这幅照片。

图 2-57

在左侧展开预设面板,在其中展开用户预设这一组,在其中选择夜景预设,此时你可以发现选中的下一张原始照片已经被套用了自制预设,效果就变得好了很多,整个过程非常快捷。

新照片套用自制预设后,效果总会有一些欠缺,不可能完美无瑕,这时再在右侧展开各种不同的调整面板,对相关选项进行微调,就能让照片效果更进一步。本例中,我们展开"基本"面板,在其中继续微调白平衡及其他参数,微调照片画面,使其效果更好。此时的参数及照片效果如图 2-58 所示。

图 2-58

调整完照片后,在底部单击照片效果对比,可以查看照片修改前的原始效果和处理后的画面,如图 2-59 所示。

自制预设可以帮助用户更加高效地处理大量的同类照片,让你的后期修片工作变得轻松快乐。

图 2-59

2.把处理操作应用到其他照片

利用预设，我们可以将对一张照片的处理操作保存下来，在处理其他同类照片时直接套用这个保存的预设，快速完成照片处理。这里中间有个步骤是必不可少的，那就是将处理操作保存为预设。而如果我们只是对几张照片进行这种快速的处理，再提前制作预设就有点小题大做了。其实即便不使用预设，我们也可以将一些照片的处理过程迁移到其他照片上，实现快速修片的目的，这通常要通过复制功能来实现。所谓的复制功能，就是将对一幅照片进行的处理操作，快速套用到其他的少量照片上，完成快速处理。该功能与预设类似，但却省略了手动制作预设的中间环节。

来看具体的实例。如图 2-60 所示，在修改照片界面我们对原图进行处理后，先单击左侧面板中的复制按钮。

图 2-60

在单击"复制"按钮后，这时会弹出"复制设置"对话框，如图 2-61 所示。是不是感觉这个界面很熟悉？在制作预设时我们曾经遇到过类似的一个界面！建议此处仍然是全选所有选项，然后单击"复制"按钮，完成复制操作。

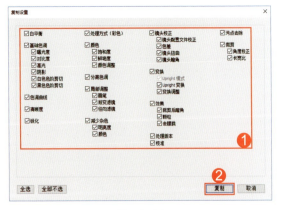

图 2-61

TIPS

如果对照片进行过水平校正、裁剪等操作，那可以在复制选项列表中取消选中变换、裁剪这两组参数。因为不同照片的裁剪和水平校正一般是不同的。

接下来选中要处理的其他照片，右击该照片，在弹出的菜单中选择"修改照片设置"|"粘贴设置"菜单项，这样就可以将对之前照片所做的修改直接应用到此处选择的照片上了，如图2-62所示。

图 2-62

将对之前照片处理的操作复制并粘贴到当前照片上后，当前照片就会立刻发生变化。只要当前照片与之前照片的原始状态类似，那利用复制功能处理的效果一般是很理想的，如图2-63所示。

当然，将前一张照片的处理过程粘贴到当前照片后，如果感觉不很满意，你还可以对当前照片进行微调，只要在右侧的各种调整面板中修改就可以了。

图 2-63

此外，我们还可以将对之前照片进行的处理操作，同时复制到其他的多张照片。具体操作也很简单，复制之前的操作后，再在底部的胶片窗格中，按住【Ctrl】键单击选中多张照片，此时可以看到多张照片呈现高亮的选中状态。右击，在弹出的菜单中选择"粘贴设置"菜单项，如图 2-64 所示。

图　2-64

粘贴好之前的调整操作后，我们选中的多张照片就会同时发生变化，被调整到了很好的状态。从底部的胶片窗格中观察缩览图也可以看到处理效果，如图 2-65 所示。

图　2-65

第 3 章 影调

　　相机直出的照片,暗部往往不够暗,亮部也不够白,为了避免损失太多细节,要为后期留下足够的空间。

　　从后期处理的角度来讲,对这种原片,我们大致是有多种明暗影调优化思路的。一种是将不够明显的影调层次强化出来,让画面变得层次丰富,影调漂亮,这也是修片的一般思路;另一种是可以考虑根据照片的实际情况,将照片处理为高调、低调或是其他特殊的影调效果。

3.1 正常影调的漂亮照片

为避免拍摄的照片高光和暗部溢出,相机总是设定适当提亮暗部并压暗亮部,在面对大光比高反差场景时,这能确保照片保留下更多的细节层次。但在拍摄一些反差并不算特别夸张的场景时,照片就会显得灰蒙蒙的。这是因为相机的控制,让照片缺少了高光和暗部细节。下面我们通过具体的案例来介绍这类照片的处理方法。

1.裁掉高光与暗部,增强反差

打开下面这张照片,可以看到暗部不够黑,亮部又不够白,整体显得有些灰暗模糊,让人感觉难受。观察 Photoshop 主界面右上角的明度直方图,可以看到暗部和高光部分都缺乏像素,这是缺失,而不是溢出,如图 3-1 所示。

曲线是 Photoshop 中最强大的影调和色彩调整工具,通常情况下的数码照片后期处理,都是以曲线为主要工具进行调整的。而接下来的内容,也将以曲线调整为例进行操作。

图 3-1

一般的处理方法是:先按【Ctrl+J】组合键复制一个图层出来,然后在"图像"菜单中选择"图像"|"曲线"菜单项,打开"曲线"对话框,再利用曲线调整进行后期处理,最后再创建一个蒙版,进行图层的叠加。但这种操作方式比较烦琐,并且会占用较多内存,其实更好的方式是如图 3-2 所示这样,在右下角的"图层"面板的底部,单击第 4 个按钮,打开列表,选择"曲线",创建曲线调整图层,此时"图层"面板中就出现了一个调整图层,并同时打开了曲线调整面板。这与前一种操作是完全一样的,但后面这种方式更加简单快捷,节省系统资源。

从曲线对话框中间的直方图上可以看到,左侧和右侧都缺乏像素,要改善这种直方图,只要将黑色滑块和

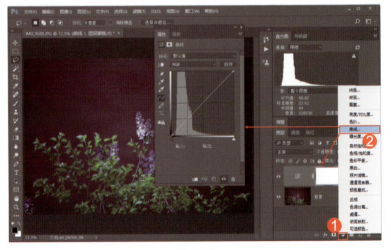

图 3-2

白色滑块分别向内拖动，拖动到有像素的位置就可以完成初步优化。

使用鼠标按住曲线左下角的锚点向右侧拖动到有像素的位置，再按住右上角的锚点向左拖动到有像素的位置，此时照片的明暗影调明显变得好了很多，曲线如图3-3所示，照片画面如图3-4所示。从中可以看到，我们拖动左下和右上的锚点，下面对应的黑色和白色滑块就相应地发生了位置变化。

图 3-3　　　　　　　　　　　　　　　图 3-4

以上我们只是初步完成了照片影调的调整，这是相机能够实现的理想拍摄效果，但对于一幅摄影作品来说显然是不够的。用户还要根据自己的构图常识和审美感觉，对照片中一些局部进行适当修饰。比如，当前照片中，背景还是太亮，干扰到了主体表现力，应该进行压暗处理。

也就是说，我们处理掉照片的硬伤（如曝光不合理的地方）后，就要对一些局部进行创意性的优化和调整了。

在曲线对话框左下角单击"小手"（目标选择和调整工具）图标，然后将光标移动到照片上背景的位置，向下拖动降低这个位置的亮度。此时你会发现在曲线上生成了对应位置的锚点，并发生了向下的移动，这也能看出对目标位置进行了压暗处理。操作曲线如图3-5所示，照片效果如图3-6所示。

图 3-5　　　　　　　　　　　　　　　图 3-6

背景的压暗会让主体变得更加突出，但我们要注意的一点是，与背景差不多亮度的一些枝叶部分也被压暗了，因此我们可以在曲线中间调区域单击创建一个锚点，稍稍向上拖动恢复一下这些区域的亮度，曲线如图 3-7 所示，画面效果如图 3-8 所示。

图 3-7　　　　　　　　　　　　　　　　图 3-8

TIPS

需要注意的是，以上中间的两个锚点之间的曲线过渡要平滑，如果调整幅度太大而造成曲线斜率过大，那画面效果就会变得不够自然。

照片进行过曲线调整之后，按住曲线对话框的标题栏将其拖动到一边，不要遮挡 Photoshop 主界面右上角的直方图。观察明度直方图的效果，要确保不产生高光和暗部的溢出，并且让直方图整体分布显得合理起来，如图 3-9 所示。

如果直方图已经比较合理，再观察照片效果，发现影调层次也变得非常漂亮，单击曲线对话框右上角的"确定"按钮，返回 Photoshop 主界面，再将照片保存就可以了。

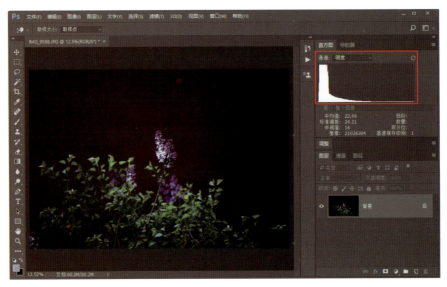

图 3-9

2.S形曲线与局部微调

对于高光和暗部缺失的照片，可以从直方图的左右两端直接裁掉像素缺失的区域，然后再对曲线的中间调进行调整，就能收到很好的效果。但一般照片可能并不缺乏高光和暗部像素，而是偏少。

打开下面如图 3-10 所示的这张照片，可以看到影调层次不够丰富，但观察直方图你会发现、高光和暗部并没有完全缺失，仍然存在一定的像素。这时如果我们在曲线内直接裁掉左右两端，那就会产生一定的高光和暗部溢出，损失细节。下面来看这种常见类型的照片的调整技巧。

图 3-10

我们不能直接向内侧拖动左下和右上角的锚点，那会造成像素的裁剪产生高光和暗部溢出。针对这种照片，调整时，打开曲线对话框，我们可以先不考虑照片各个位置的明暗情况，而是直接单击对应照片暗部的曲线左下方中间，打上一个锚点，然后向下拖动这个锚点，继续压暗暗部区域；然后在对应曲线亮部的右上部分中间打点，向上拖动增强亮部。这时你可以看到曲线变为了大致的 S 形，而照片的影调层次也变得更加明显起来，曲线如图 3-11 所示，照片如图 3-12 所示。

图 3-11

图 3-12

分析此时的照片，可以看到光线照亮花枝不够明亮，因此使用小手工具，放在花枝上，按住向上拖动，提亮这部分，如图 3-13 所示。

图 3-13

此时的主体花枝足够明亮，背景足够暗，一般来说已经可以了。但我们还应该注意一下明暗影调层次的一个衔接问题，即暗背景太黑太重了，可以考虑让这部分适当变灰一些，增加点胶片相机拍摄的感觉，并且不会让背景太沉太重。

选中左下角的锚点，适当向上拖动，可以看到黑背景会变亮一点，有点近似于胶片机拍摄的感觉。此时的曲线如图 3-14 所示，照片效果如图 3-15 所示。这样，照片就处理完了。

图 3-14　　　　　　　　　　　　图 3-15

3.控制照片影调，突出主体

一般情况下，摄影作品都要突出主体的形象。提亮主体而压暗周边环境和背景，可以很好地实现这一目的。如果主体受光而环境背光，那只要采用点测光的方式对主体测光就可以轻松实现。

但很多时候因为主体所处的环境及自身的问题，无法很好地突出，反而让环境元素分散了注意力。例如，有时主体偏暗或是背光，而环境偏亮，那照片就会存在明显的问题，即主体不够突出。如果遇到这种问题，摄影师可以在后期进行人为的干预，比如在 Photoshop 中压暗环境，提亮主体，这样画面就会变得与众不同了。

我们通过一个具体的案例来介绍人为控制照片影调、突出照片主体的思路和技巧。

打开的照片如图 3-16 所示。可以看到人物肤色很暗，面部稍有些背光，但周边的窗板和墙体却过于明亮，这种问题在拍摄时是无法处理好的。需要在后期软件中提亮主体人物肤色，压暗周边环境因素，从而让人物变得突出。

图 3-16

也就是说，此时影调并不是非常到位，需要进行更深层次的优化，即要继续压暗环境元素。

在 Photoshop 主界面右下角"图层"面板底部，单击第 4 个图标"创建新的填充或调整图层"，在弹出的菜单中选择"曲线"菜单项，创建曲线调整，如图 3-17 所示。

图 3-17

如果从曲线中间建立锚点向下拖动，那会引起照片对比度的较大变化，无法压暗高光。所以要向下拖动曲线最右端的锚点，这样会整体压暗照片，即便是高光也会变暗，如图 3-18 所示。

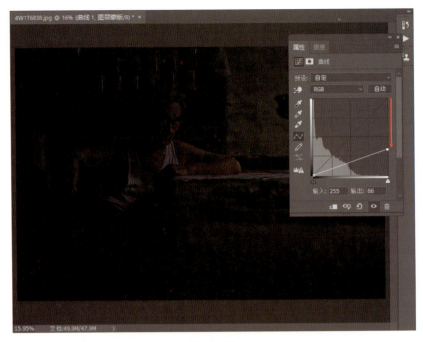

图 3-18

与此同时，在曲线中间轻微向下拖动，改善照片对比，让照片效果自然一点。最后，单击曲线调整面板右上角的收起按钮，收起面板，如图 3-19 所示。

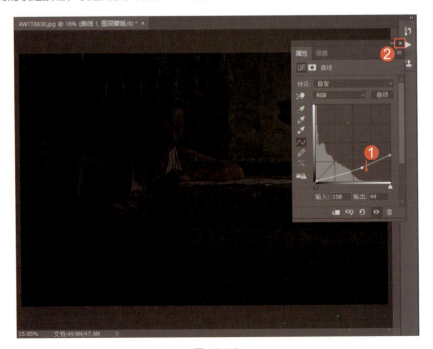

图 3-19

照片整体压暗之后，单击确保选中"图层"面板中的蒙版图标；在 Photoshop 左侧工具栏中选择画笔工具；将前景色设为黑色，背景色设为白色；在软件主界面顶部的选项栏中，选择柔性笔刷；适当降低不透明度，如果为 100%，那画笔涂抹的边缘部分会太硬，不够自然；将人物的皮肤部分擦拭出来，这样可以还原出原本较亮的人物肤色。

操作步骤、参数设定和照片效果如图 3-20 所示。

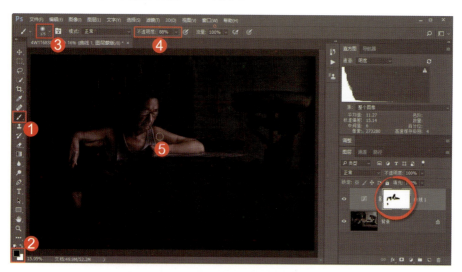

图　3-20

将照片中人物的肤色都还原出来后，可以看到人物肤色与周边的衣物、头发等重点部位反差太大，这是不对的。因此再次适当降低画笔不透明度（一般该不透明度为擦拭皮肤时的一半左右比较合适，这样确保头发、衣物等比人物肤色暗），将人物的头发、衣物等擦拭出来，如图 3-21 所示。

我们用 90% 左右的透明度来还原人物肤色，还原程度较高，而用 40% 左右的透明度来还原头发和衣物，还原程度就低了很多，这样可以确保肤色最亮，而头发和衣物稍微暗一点，形成了比较平滑、合理的过渡。

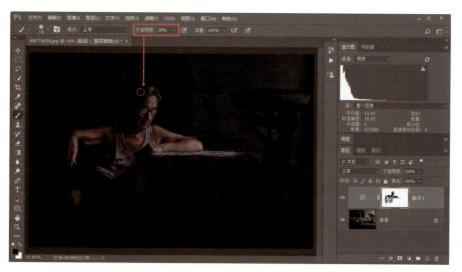

图　3-21

这时如果你感觉背景太暗，要增加一点更强的环境感，那很简单，只要再次降低画笔的不透明度（减半，为 20% 左右），在背景上涂抹，将背景还原出来一些即可。

但在本例中，我感觉背景亮度可以了，没必要再还原，因此也就没必要擦拭了。

这时观察照片可以看到，人物边缘与背景的过渡太硬不够自然，那很简单，只要双击蒙版图标，打开蒙版属性调整界面，在该界面中提高我们擦拭部分的羽化值，让边缘部分过渡平滑起来就可以了，此时的参数调整及照片效果如图 3-22 所示。调整完毕后关闭面板。

图　3-22

因为我们调整了整个画面，人物面部等也被压暗了。这时虽然明暗关系合理了，但重点部分并不够亮，这从 Photoshop 主界面右上角的明度直方图就可以看出来。

因此我们再创建一个曲线调整图层，裁掉右侧空白的区域，并适当压一下中间调，这样照片的影调层次就得到了很好的优化，如图 3-23 所示。

图　3-23

此时，在 Photoshop 主界面右上角的明度直方图中可以看到高光部分虽然少，但毕竟有了像素，如图 3-24 所示。从图中我们也能看到通过两个调整图层，我们实现了照片影调的优化。

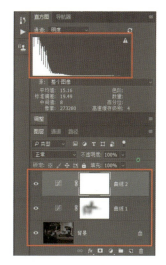

图 3-24

如果对照片的处理效果比较满意了，那拼合图层，将照片保存就可以了。最终的处理效果如图 3-25 所示。

图 3-25

总结：

首先将整体压暗，要注意的是压暗方式，压高光，并适当降中间调，这样压暗效果会比较自然，如果直接拖动曲线的中间位置下压，那会改变照片的对比度及色彩饱和度；整体压暗后，再将不想压暗的人物部分亮度还原出来，这样就相当于只压暗了环境，并且压暗的效果还比较自然；最后，再对照片的整体效果进行优化，保存照片就可以了。

一般情况下，在需要突出主体时，都可以采用上述的思路和技巧来处理。

4.图层叠加，用滤色与柔光让照片变通透

很多时候，我们看到照片不够通透，但都是细节上的。如果直接调整对比度，又会让照片出现较大的问题，比如过度曝光、暗部溢出，或者是色彩饱和度发生较大变化等。也就是说，让照片变通透，我们无法简单地通过对比度调整来实现，下面我们将介绍一种非常简单的照片通透度调整技巧，只要利用不同的图层混合模式进行叠加就可以了。

打开图3-26所示的这张照片，可以看到光影很漂亮，但给人的感觉仍然是通透度不够，这从直方图上也能看到，像素过度堆积在一团了。

图 3-26

在"图层"面板中，单击并按住打开的照片对应的背景图层，向下拖动到"创建新图层"图标上，然后松开鼠标，这可以复制一个新图层出来；右击背景图层，通过快捷菜单中的"复制图层"命令也可以新建复制的图层；另外还可以直接按【Ctrl+J】组合键来实现操作。使用这几种不同手段复制新图层，只要原照片中没有建立选区，那除名称有所差别外，其他效果是完全相同的。不管你用哪种方法，新复制一个图层出来，将图层混合模式改为"滤色"，可以发现照片整体变亮了，如图3-27所示。

图 3-27

滤色模式下，两个图层经过一定的公式进行计算，叠加的效果往往是变亮的，但很少出现高光溢出。公式是这样的：叠加后颜色亮度=255－[（255－基色）×（255－混合色）]÷255。基色是指背景图层的色彩亮度，混合色是指我们新复制图层的色彩亮度。

本例中我们假设照片某个像素的亮度为100，即基色为100，因为是直接复制了图层，那对应的混

合色的亮度也是 100，套用公式，叠加的颜色亮度就是 161，明显变亮了。

叠加后的像素亮度，除了纯黑和纯白外，其他像素都要变亮。但因为要用 255 减去一个值，所以很少会出现高光溢出的问题。

再次复制一个图层出来，将这个图层的混合模式改为"柔光"，这时你会发现照片的对比度变高，好看了很多，如图 3-28 所示。

图　3-28

"柔光"模式的作用是让照片的中间调和亮部区域变得更亮，而暗部区域则会变得更暗，这相当于提高了照片的明暗反差，有点类似于柔光灯直接照射的效果。

当然，以上所说的是对于复制的图层而言的，如果是两个完全不同的照片叠加，则不是这样。如果上层图像的颜色（光源）亮度高于 50% 灰，底层会被照亮（变淡）。如果上层颜色（光源）亮度低于 50% 灰，底层会变暗，就好像被烧焦了似的。如果直接使用黑色或白色去进行混合，能产生明显的变暗或者提亮效应，但是不会让覆盖区域产生纯黑或者纯白。

照片经过两次叠加后，明暗影调层次对比有些过于强烈，照片太通透，且高光部分有些过亮，暗部又太黑。针对这种情况，我们只要分别选中不同的图层，更改不透明度，就可以削弱图层混合的效果。

首先选中滤色混合的中间图层，适当降低不透明度，同时观察照片效果，适当压暗照片，如图 3-29 所示。

选中最上层的柔光混合图层，适当降低不透明度，让高光区域不会太白，暗部又不会太黑，这样影调层次非常明显，而又不会过于跳跃，如图 3-30 所示。

图　3-29

图 3-30

照片调整完成后，右击某个图层图标右侧的空白区域，在弹出的快捷菜单中选择"拼合图像"菜单项，合并图层，最后保存照片。可以看到照片的色调、影调都变得更加漂亮了，如图 3-31 所示。

图 3-31

3.2 高调照片的制作

针对一些有较强光照条件、阴影偏少的摄影作品,可以考虑制作为高调效果,画面可能会更有吸引力。高调摄影作品的影调以浅色系为主,主要是由白色、浅灰等色彩构成,占据画面的绝大部分,少量深色调的色彩只作为很小的点缀来丰富照片层次。

一般情况下,我们很难直接拍摄出非常完美的高调摄影作品,往往需要在后期对照片影调进行提亮处理,强化高调效果。另外有些时候,照片中可能会存在大量不够亮的元素,如深色调的背景、人物肤色及衣物不够亮等,这时如果要制作高调效果,就要在后期软件中进行较大幅度的调整。

通常情况下,人像、人文类题材照片更适合制作高调效果。下面我们以一张人像照片的处理为例,介绍高调画面的制作思路和技巧。打开如图 3-32 所示的照片,可以看到,照片背景杂色太多,人物面部不够亮,所以看起来不够漂亮。如果我们适当提亮人物面部、消除面部阴影,提亮并匀化背景的色调,那画面就会为一种高调效果,变得好看起来。

图 3-32

在改变照片影调之前,应该先将人物面部的瑕疵修复干净。放大人物的面部,在工具栏中选择"污点修复画笔工具",设置较小的画笔直径,以正好能套住一些瑕疵污点为准。然后将光标放到瑕疵上单击,就可以修复这些污点,如图 3-33 所示。

图 3-33

接下来创建曲线调整图层,选中"目标选择与调整工具",在人物头发与面部结合的部位,以及人物面部背光的阴影部分向上拖动,适当提亮。人物胳膊受光线直射的位置亮度过高,应该适当向下拖动,降低该位置的亮度。此时的曲线及照片效果如图 3-34 所示。

经过对上述多个位置的修饰,可以发现人物肤色部分变得白皙、平滑了很多。

图　3-34

再创建一个曲线调整图层,按住曲线左下角的锚点向上拖动,将暗部提亮,这样可以消除照片中的阴影。这里不能直接在曲线中间创建锚点向上拖动,那样做会让照片的对比度发生较大变化。调整的曲线与照片效果如图 3-35 所示。

图　3-35

上述操作完之后,我们将背景、人物衣物及人物肤色都提亮了,并且变得雾蒙蒙的,显然不是我们想要的结果。选中蒙版图层,选择渐变工具,设定前景色为黑色、背景色为白色,渐变方式为从纯黑到透明,设定圆形渐变,稍稍降低不透明度,在人物皮肤部分制作很短的渐变,将人物面部尽量还原出来。

此处设定了 70% 的不透明度，并没有彻底还原原始照片中人物面部的亮度，所以这样会让还原出来的人物面部比原始肤色亮一些，更加白皙一些，如图 3-36 所示。

图　3-36

处理到这里，你是否已经想到，肤色到衣物和头发的过渡有些不够平滑，应该再次降低不透明度，在人物头发和衣物部分制作小的渐变，将这两部分也还原出来一些，这样从人物肤色到头发和衣物的过渡就平滑、自然了起来，如图 3-37 所示。

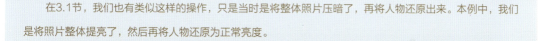

TIPS

在3.1节，我们也有类似这样的操作，只是当时是将整体照片压暗了，再将人物还原出来。本例中，我们是将照片整体提亮了，然后再将人物还原为正常亮度。

图　3-37

此时照片中背景部分的亮度还是有些太高了，因此我们再次降低不透明度，对背景部分制作渐变。较低的不透明度的还原能力有限，整体上看杂乱的背景还是被遮盖掉一部分的。在制作渐变时，拖动的幅度要大一些，这样才可以让擦拭效果更均匀，如图 3-38 所示。

图 3-38

这样照片整体的调子就变得非常漂亮了，但仍然存在一些问题。仔细观察画面可以发现，照片的色彩仍然是过于浓郁，最好适当降低一下饱和度。如果全图降饱和度，那效果可能不会自然，因为人物要和背景同等降低饱和度，效果未必会好，你可以尝试一下。这里我们可以用选区勾勒出色彩浓重的桃花部分，而利用选区的羽化性，能够辐射到中间的人物部分。调整时，桃花部分会降低更多的饱和度，而人物部分则是轻微降低饱和度，最终处理效果会自然很多。

可以用套索工具，设定较高的羽化值来勾选人物，但那样还是太复杂了。实际上我们可以右击第二个曲线调整图层的蒙版图标，在弹出的快捷菜单中选择"添加蒙版到选区"菜单项，就可以给人物之外渐变较轻的区域建立选区，如图 3-39 所示。

图 3-39

我们在上面的步骤中制作渐变时，渐变比较轻的区域都会被选区包含进去。此时选区羽化度是非常高的。

针对我们建立的选区，创建色相/饱和度调整图层，降低饱和度，并提高明度，这样背景中桃花的粉红就会变淡，变亮，而选区较大的羽化值会让中间的主体人物也受到轻微的影响，如图 3-40 所示。

理想的高调摄影作品，虽然直方图是右坡型的，但高光最好不要出现溢出。注意观察 Photoshop 主界面右上角的明度直方图，要确保直方图右侧不要有大量像素触及右侧边线，否则就是产生死白的区域了。

图　3-40

至此，照片的处理就完成了。照片调整前后的效果对比如图 3-41 所示。可以看到，调整后的照片画面变得简洁、干净、漂亮，而人物肤色则白皙、平滑。

原照片　　　　　　　　　　　　　　　调整后的照片效果

图　3-41

3.3 低调照片的制作

与高调摄影作品相反，低调摄影作品是指以深色甚至是黑色为主的景物来构筑照片的内容，深色系几乎占据画面的全部区域，浅色调的白色及其他高明度色彩仅作为点缀出现，最终照片的影调层次非常低沉，浅色调的区域往往是主体或视觉中心。

在低调摄影作品当中，主体景物或焦点所在的视觉中心位置，往往是被光线照亮的部分，这样可以为画面形成一种强烈的影调对比，用深色衬托浅色，表现出一种神秘、深沉、危险或高贵等非常复杂的情绪。

无论低调风光或是人像，都能让画面表现出强烈的形式感或艺术气息，情绪感召力很强。

下面我们依然通过一张照片的低调化处理为例，来介绍对照片进行低调处理的思路和技巧。原片如图 3-42 所示，整体的色调及影调都比较暗，但右上方比较杂乱，如果是低调照片，那右侧要暗一些、干净一些。

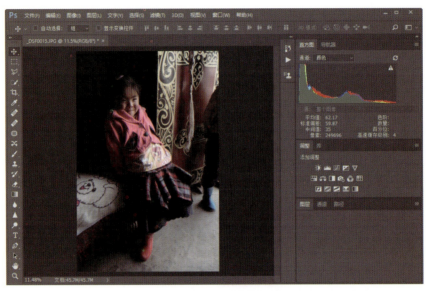

图 3-42

创建曲线调整图层，选中右上方的锚点，按住向下拖动，拖动的幅度要稍大一些；然后在曲线中间创建锚点，稍稍向下拖动一点，幅度不要太大。此时调整的曲线形状及照片画面如图 3-43 所示。

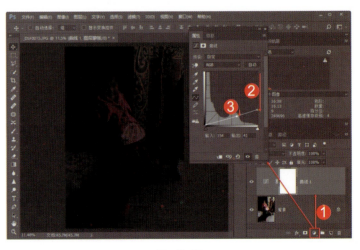

图 3-43

照片整体被压暗后，四周比较符合要求，但人物太暗，因此要将人物还原出来。在工具栏中选择渐变工具，设定前景色为黑，背景色为白，设定黑色到透明的渐变，渐变方式为圆形，再设定 90% 左右的不透明度。然后光标在人物面部及其他露出皮肤的部分拖动制作渐变，将露出肤色的部分亮度还原出来，操作过程及照片效果如图 3-44 所示。

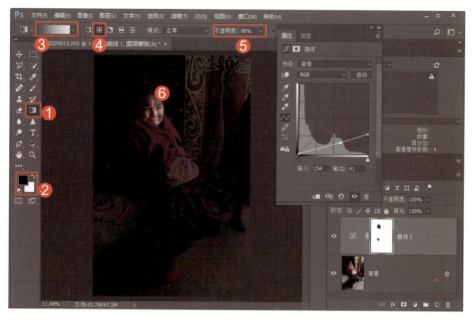

图　3-44

将不透明度降低一半左右，再在人物的衣服和头发部分制作渐变，将这些部分的明暗还原出来，如图 3-45 所示。之所以有不透明度的差别，是为了得到肤色部分更明亮而衣服稍暗的效果，这样影调比较自然。

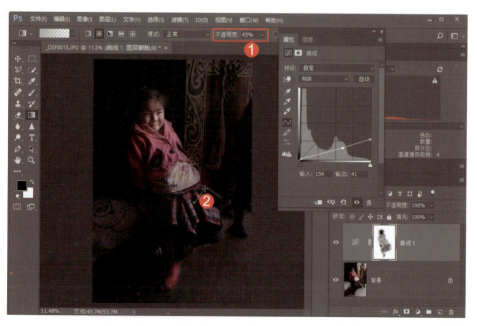

图　3-45

有时渐变的制作可能会不够精确，比如将人物之外的背景部分也还原的较亮，那没有关系，我们只要选择画笔工具，前景色设定为白色，设定合适的画笔大小，在发亮的边缘擦拭，再将这些边缘压暗即可，如图 3-46 所示。

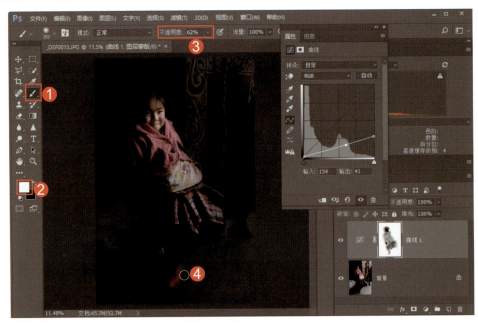

图 3-46

这种纪实人像题材，饱和度一般不要太高，较低的饱和度有利于突出人物形象。因此我们创建一个色相/饱和度调整图层，主要想降低的人物粉色衣服的饱和度，因此在通道里选择洋红，然后再降低饱和度，此时的调整界面及画面效果如图 3-47 所示。

图 3-47

观察照片画面，可以看到四周仍然太亮，显得杂乱。因此我们再创建一个曲线调整图层，再次降低画面整体明暗，如图 3-48 所示。

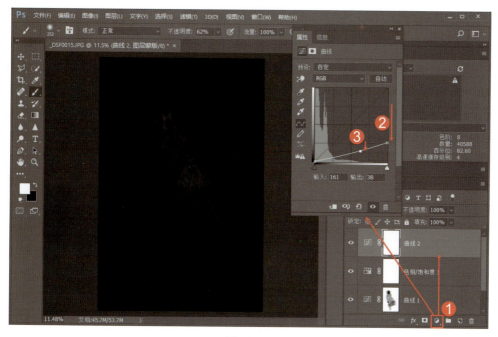

图 3-48

按照之前的操作，在人物面部及手部皮肤部分制作渐变，将这两部分的亮度还原出来，如图 3-49 所示。

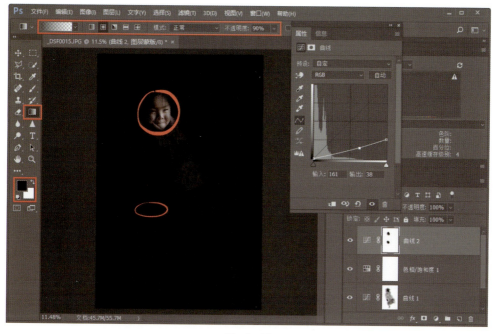

图 3-49

将渐变的不透明度降低一半左右，再利用渐变工具将人物的头发、衣服等部分的亮度还原出来，如图 3-50 所示。

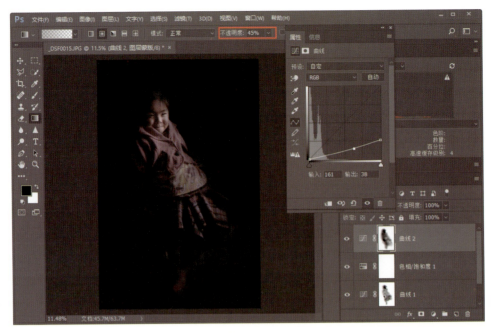

图　3-50

此时看到，人物自身明暗合理，但四周太暗了，几乎损失了所有的影调细节。所以我们可以对四周进行轻微的还原，只要将不透明度设定为 20% 以下，然后在人物四周制作较大的渐变，将四周还原出一些亮度轮廓，保留一定的环境感，如图 3-51 所示。

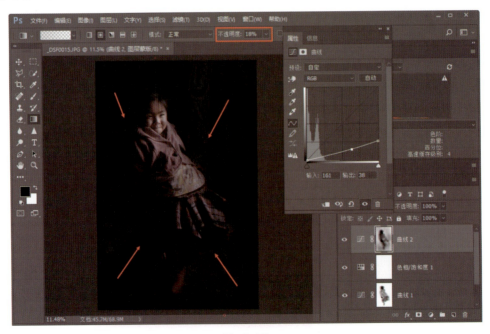

图　3-51

我们在制作渐变时,有些渐变区域之间存在空白区,这就会造成画面整体亮度不匀,有些地方亮,有些地方暗,要解决这个问题,只要双击蒙版图标,在弹出的界面中适当提高蒙版的羽化值,就可以让影调的过渡平滑起来,如图3-52所示。

图 3-52

最后检查照片,可以看到亮部的空白区域实在太多,画面不够通透,那我们可以创建一个色阶调整图层,适当裁掉一些亮部的空白部分,让照片变得通透一些。调整时要注意,这种低调的照片画面,我们只要确保照片最亮的像素在230左右即可,如图3-53所示。

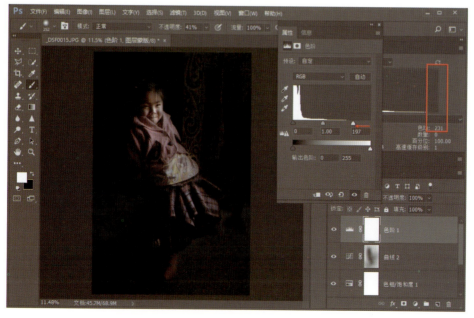

图 3-53

最后，拼合图层，再将照片保存就可以了。最终的照片效果如图 3-54 所示。

图 3-54

3.4 制作局部光效果

如果阴雨天气里拍摄,照片可能就会缺少一点点明媚轻快的层次感,但借助于后期软件的力量,我们却可以制作出一些太阳光效,让照片层次变得更加漂亮。

图 3-55 所示为在多云天气里拍摄的一张照片,因为光影效果不理想,根据现场的光线情况,我想制作一种局部光效果,强化主体和其他重要景物,丰富照片影调层次。

图 3-55

分析照片,重要的对象主要就是近景中的马群,如果我们能够让光线照亮这些马群,那画面自然就会变得更加漂亮起来。不过要注意的是,我们不能用一团光直接照亮马群,最好是做出比较自然的效果,因此在处理之前,计划是用图 3-56 所示的那样,制作两个光斑,这样效果会更自然一些。

图 3-56

在工具栏中选择套索工具,在上方的选项栏中设定套索的形式为"添加到选区"。然后分别对马群制作选区。要注意制作的选区边线不能太规则,要随意一些,并且是越随意越好。另外还要注意,选区的形状最好是扁一些。制作好的选区如图 3-57 所示。

图 3-57

我们要做的是增强选区内景物与选区外景物的反差。那处理的方法很简单,在制作好选区之后,直接创建曲线调整图层,你会发现我们为选区内的区域创作了调整图层。裁掉右侧缺乏高光的部分,你会发现选区内区域都变得非常明亮,如图 3-58 所示。

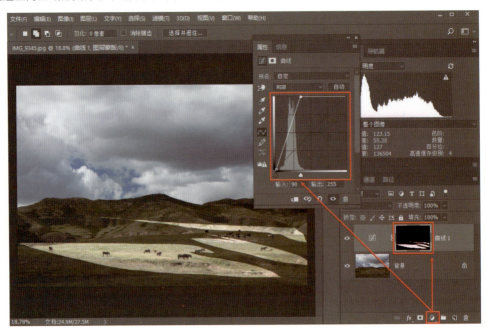

图 3-58

要注意的是，我们还要模仿出太阳光的效果，因此可以在曲线的中间打点，轻微向下拖动，这样光照效果会更接近于太阳光的照射效果，会更加自然，如图3-59所示。

图　3-59

现在相信你能看到我们处理的问题所在，那就是光斑边缘的过渡太硬、太不自然了，那处理方法很简单，只要在调整图层中双击蒙版图标，在打开的属性面板中适当提高羽化值，对选区进行羽化，这样我们调整的边缘区域过渡就更加平滑，照片整体的处理效果就变得自然起来，如图3-60所示。

图　3-60

观察处理后的效果，可以发现光效虽然做出来了，但画面的对比度稍低，有些模糊，不够明快。再观察直方图，确实也缺乏一些高光层次，因此我们再创建一个曲线调整图层，裁掉右侧缺乏高光的空白区域，适当压暗暗部，这样可以强化照片的影调层次，如图 3-61 所示。

图 3-61

如果感觉照片的色彩感太弱，那还可以创建一个自然饱和度调整图层，适当提高自然饱和度，此时的"图层"面板与照片效果如图 3-62 所示。

图 3-62

到此，照片就处理完毕了，如果不需要再进行更多的调整，那右击背景图层的空白部分，在弹出的菜单中选择"拼合图像"菜单命令，如图 3-63 所示，拼合图层，将照片保存即可。

图 3-63

照片处理后的效果如图 3-64 所示。

图 3-64

3.5 丁达尔光的制作技巧

下面我们来介绍另外一种模仿自然现象而制作的光线——丁达尔光,也叫耶稣光,所模仿的光线也被称为丁达尔效应。这是指光源在受到云层、树木、灰尘等的遮挡后,光源一侧和背光一侧两者的反差较大,最终透过遮挡物的光线表现出了明显的轮廓,这种光线的轮廓效果就像是光线的痕迹一样,被称为丁达尔光。

在晴朗、多云的室外,在晨曦中,在早晚的密林当中,我们经常会看到穿过这些遮挡物的光线,也就是丁达尔光。在数码后期当中,我们也可以人为地制作出非常逼真的这种光线。

打开图 3-65 所示的这张照片,可以看到晨雾缭绕,甚至已经能隐隐分辨出一些丁达尔光的痕迹,但非常不明显。我们想要做的是为这张照片制作出非常明显的丁达尔光效,让照片更富表现力。

图 3-65

在制作丁达尔光之前,一定要想好光源的位置,大致规划好光束的走向,本例中我提前想好了光束的大致走向及分布,如图 3-66 所示。

图 3-66

在工具栏中选择多边形套索工具,在上方的选项栏中要记得设定选区形式为"添加到选区",然后在照片中如图 3-67 所示那样制作模仿光线的选区。要注意,单个的选区要是细条形的,但不要太细,更不要太宽,否则都会显得不够真实,并且越接近光源的方向要越窄,这样才符合自然规律。

图 3-67

制作好的光线的多个选区如图 3-68 所示。

图 3-68

创建曲线调整图层,然后提亮暗部,再在曲线中间建立锚点适当向上拖动提亮。我们之所以提亮暗部,是因为实际上背光线照亮的部分有些灰雾度,即暗部不会特别黑,这与早晨穿过窗户等的光线是一样的。这样调整后的曲线与照片效果如图 3-69 所示。

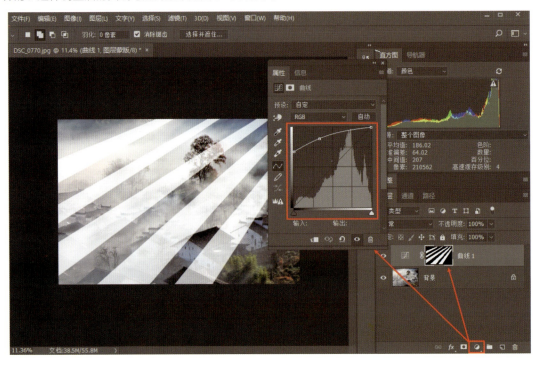

图 3-69

双击曲线调整图层中的蒙版图标,打开属性调整面板,适当提高羽化值,这样可以让我们的光线边缘变得平滑、自然、真实,蒙版调整面板如图 3-70 所示,照片效果如图 3-71 所示。

图 3-70　　　　　　　　　　　图 3-71

此时仔细观察和分析照片，根据我们的经验可以知道，这种丁达尔光线，如果光线的亮度一直是均匀的，那就会显得很假。根据经验，照片右上角的部分，光线最好是要淡一些。因此我们选中蒙版图标，选择画笔工具，适当降低不透明度，在丁达尔光的束上，某些重点位置轻轻擦拭，让这些部分有更清晰的还原，并且在光源摄入的位置轻轻涂抹，让光线效果看起来更自然一些，如图3-72所示。

图 3-72

光线制作完成并进行过修饰之后，合并图层，然后将照片保存。照片处理后的效果如图3-73所示。

图 3-73

3.6 修复照片中曝光过度的区域

在拍摄的对象受强烈直射光照射时,受光部位很可能会曝光过度,变为死白。这是因为即便是高档数码单反相机,其宽容度也是有限的,很难分辨出强光下受光点的亮度层次。

在面对这种局部严重的高光溢出现象时,即便拍摄了 RAW 格式原片,有时也很难彻底追回细节。在 Photoshop 中,我们可以通过色彩涂抹来对高光溢出区域进行修复,下面通过具体案例来介绍这种曝光过度区域修复的技巧。

打开图 3-74 所示的照片,可以看到光线直接照射的毛巾被及狗狗一侧的耳朵,出现了局部曝光过度,几乎损失了所有的细节信息,从明度直方图上也可以看到,直方图右侧已经触及了边框,并出现了升起现象。

图 3-74

在 Photoshop "图层"面板右下角,单击"创建新图层"按钮,创建一个透明的空白图层,如图 3-75 所示。至于为什么要这样操作,后面我们会详细介绍。

图 3-75

在工具栏中选择吸管工具,光标变为吸管形状,移动到曝光过度区域的旁边单击取色,这样就将前景色变为了我们取色的颜色。然后选择画笔工具,将笔刷设定为柔性的,在曝光过度区域单击拖动,进行涂抹,这样就可以将曝光过度区域涂抹为我们吸取的颜色,如图3-76所示。

这里有一点要注意,要在透明图层上涂抹颜色,而不能在背景上涂抹,否则就会改变原照片,对原照片造成不可逆的破坏。

吸管取色

在曝光过度区域涂抹

图 3-76

涂抹颜色后,曝光过度区域的涂色可能会显得有些过重,因此我们可以将新建的、涂上颜色的透明图层再降低不透明度,这样就可以将涂抹的颜色变得轻一些,如图3-77所示。这样做的最终目的是让涂抹效果变得自然一些。

图 3-77

毛巾被上涂色完成后，再次单击"创建新图层"按钮，创建一个新的透明图层。选择吸管工具，对宠物的毛发曝光过度的区域旁边的区域取色，将前景色变为毛发的颜色，如图 3-78 所示。

图 3-78

确保选中了创建的第 2 个图层，在工具栏中选择画笔工具，再对狗狗毛发部分曝光过度的区域进行涂抹，如图 3-79 所示。

图 3-79

对毛发涂色后，仍然会存在颜色过重的问题，这时再次降低这个图层的不透明度，让效果自然一些，如图 3-80 所示。

我们之所以用了两个透明图层进行涂色，而不是在同一个透明图层上操作，是因为这两个透明图层要根据实际情况设定不同的不透明度。如果涂抹在了一个透明图层上，那就无法单独调整不透明度了。

图 3-80

降低毛发涂色所在图层的不透明度后，色彩虽然变自然了许多，但仍然存在问题，即涂抹的边缘部分会不够清晰，这时的处理方法也很简单，只要在工具栏中选择橡皮擦工具，设定柔性笔刷，适当降低不透明度，对过度涂抹的边缘部分进行擦拭，让效果变自然就可以了，如图 3-81 所示。

图 3-81

最后，合并图层，在 Photoshop 主界面右上角观察明度直方图，可以发现高光像素已经不再触及右侧边线了，更没有像素在边线上升起。这就表示照片已经不存在高光溢出的问题了，如图 3-82 所示。

图　3-82

照片处理前后的效果对比如图 3-83 所示。

原照片　　　　　　　　　　　　　　　　调整后的照片效果

图　3-83

总结：
利用这种思路和技巧对高光曝光过度区域进行修复，照片整体就会变好很多。如果说美中不足，那就是我们无法追回曝光过度区域损失的细节纹理，但这没有办法，已经损失掉的纹理是不可能追回的。

3.7 修复明暗交界的白边

可能你会发现这样的情况,逆光拍摄风光,为防止天空曝光过度,所以降低了曝光值,这样地面曝光稍欠。在后期处理时提亮地面,但与此同时可以发现天空与地面的结合部位出现了白边。接下来我们就将介绍这种白边产生的原因,以及怎样修复这类白边,让照片变得更加自然。

白色轮廓边的出现有以下几种情况比较常见。

第一,光比很大的场景,例如,下面这张照片,照片本身的光比很大,通过调整工具调整后就容易出现这种轮廓白边。当我们需要控制明暗,特别是需要提亮阴影时,这种轮廓边就会变得尤为明显。

第二,由于锐化或调整颜色范围以及调整照片饱和度时对某一个颜色进行特别强调的时候,就很容易造成颜色的分界线,特别容易出现白边现象。

第三,在抠图合成的过程中,由于抠图边界没有抠仔细,造成了一定的轮廓边缘。

如何修复轮廓边呢?下面来看具体的案例,打开如图 3-84 所示的照片,可以看到,地面与天空的边缘部分出现了明显的亮边,破坏了画面的整体效果。

图 3-84

修复白边有两种方法:一种是非常简单的方法,就是使用"仿制图章工具",在选项栏中将"模式"设置为"变暗"模式,适当降低"不透明度"和"流量",按住【Alt】键在白边临近的区域单击取样,然后修补白边;另一种修复方法是通过通道抠图,选中白边,对白边进行压暗处理,这种方法比较烦琐,一般不建议使用,这里我们也不再专门介绍了。

使用"仿制图章工具"修复白边具体操作时,选择仿制图章工具;设定合适大小的笔刷,以刚好能覆盖住白边为准,笔刷要设定为柔性的;模式选择为"变暗";不透明度设定为 60%~80% 即可。

然后按住【Alt】键在紧挨着白边上方偏暗的位置单击取样,然后将光标移动到白边上,按住拖动就可以遮盖住白边,设定及操作方法如图 3-85 所示。

图 3-85

由于我们选择的是"变暗"的混合模式,因此在修复的过程中,就不会修补比采样点更暗的像素。例如,采样点是比较暗的橙色,而地平线下的地面是深色的,比我们采的样要暗,那我们修复时就不会对更暗的地面部分产生影响,而是只会对亮于采样点的亮边部分进行修复。这就是变暗模式的原理。

利用这个原理,可以修复很多棘手的白边,这是一种十分有效的方法,但是注意,一定要在白边临近的位置去取样修复,配合合适的"不透明度"和"流量",利用这种方法修复白边非常轻松,不留痕迹。

从图 3-86 可以看到,右边的白边被很好地修掉了。然后用同样的方法,将左边的白边也修掉就可以了。

图 3-86

TIPS

这看起来是一个非常简单的案例,但在实际应用当中,却非常有用。你会发现这种处理技巧解决了困扰你很久的难题。

第七章 色调

摄影后期，色调与影调同样重要，而其后期的修片方式也比较相像。针对相机输出的原始照片，有两种修片思路：其一，将照片的色彩调整到准确还原的程度，这可以通过白平衡校正和简单调色来实现；其二，进行色彩的创意调整，如将照片制作为暖色调、冷色调或是冷暖对比强烈的色调效果等，当然还可以将照片处理为黑白的效果，这些都属于色调创意的范畴。

4.1 白平衡+曲线调色

1.白平衡校色部分

在 Photoshop 中打开要处理的照片，如图 4-1 所示。照片这种整体的偏色，是非常明显的白平衡不准。拍摄风光时，早晚的暖色调会让照片更加漂亮，但拍人像时却并不适合，还是应该设定更准确的白平衡以还原人物肤色。

在后期软件中，可以对这种白平衡不准的照片进行校正。

图 4-1

打开照片后，创建曲线调整图层（其操作方法已经讲过多次，这里不再赘述），展开曲线调整面板，如图 4-2 所示。

在该对话框的左侧一排有三个吸管，这三个吸管自上至下分别用于设置黑场、灰场和白场，黑场用于定义照片中最黑的位置，白场用于定义照片中最亮的位置。使用黑色或白色吸管定义照片明暗调整时，如果位置选取错误，那么照片明暗调整会出现问题。而灰场则主要用于进行白平衡调整，一旦用灰场吸管进行取色，那就表示你告诉软件你选取的颜色是 50% 中性灰，软件就会根据你选的中性灰进行色彩校正。一旦你选的位置不正确，那色彩肯定无法被很好地还原，但却不会对照片明暗影调产生很明显的影响。

图 4-2

我们选择灰场吸管,在所打开的照片中找到中性灰位置单击,此时你可以发现色彩发生了变化,即进行了白平衡校正。从曲线图中你也能看到红、绿和蓝三条曲线被分离了,这说明我们进行了调色操作,如图 4-3 所示。

图　4-3

对于 50% 中性灰位置的选择,最简单的方法是根据我们眼睛的判断来选择,像是呈现出灰色的柏油路、灰色的电线杆、水泥墙体、灰色的云朵等,这样选择中性灰,并不会特别准确。

因为我们没有通过技术手段准确地找到中性灰,那可以多尝试几个位置进行白平衡的校正。在"曲线"对话框中选择灰色吸管后,只要在画面中不同的位置单击就可以了。图 4-4 所示为将错误位置定义为中性灰后的画面效果。

图　4-4

所以，还是应该多尝试几个位置，直到找到更加合理的、接近中性灰的位置。

经过多次定义中性灰，用户就可以找到最合适的照片色彩。这种色彩可能并不是 100% 准确的色彩还原，但却是我们当前最满意的，照片处理后的效果如图 4-5 所示。

TIPS

如果我们找到的中性灰位置是偏暖色的，那么校正白平衡后的照片色彩是偏冷色调的；如果确定的中性灰位置是偏冷色的，那校正白平衡后的照片色彩就会偏暖色。这都是不准确的，只有找到了真正的中性灰位置，照片色彩才能准确还原。

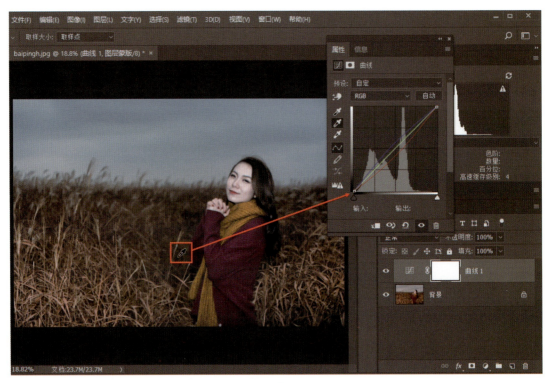

图 4-5

TIPS

当然，有关中性灰的查找和确定，有一种比较准确的方法，这在我们《神奇的后期》第一卷第3章当中有过详细的介绍和操作，感兴趣的读者可以看一下。

2.曲线调色部分

利用中性灰对白平衡的校色，其实也是通过曲线调色功能来实现的，可以看到曲线的红、绿和蓝这三个通道曲线都发生了变化。那么相应的，如果我们对白平衡校色的效果不满意，也就可以手动调整这几条曲线，改变照片色调了。

对白平衡进行校准后，我们会发现照片有点偏青了，需要降低一些青色，但是在曲线的三个通道中并没有青色，那怎么办呢？根据混色原理，增强红色就相当于降低青色了！

在曲线调整面板中选择红通道，可以看到红通道降低的稍微有些厉害，如图 4-6 所示，所以照片偏青了，因此适当追回一些红通道曲线，这样红通道曲线形状及照片效果如图 4-7 所示。

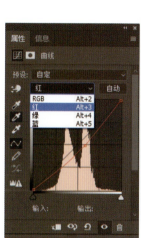

图 4-6　　　　　　　　　　　　　　图 4-7

增加红色，降低青色后，照片会有一点偏粉，即偏洋红色。这时根据混色原理，也就很简单了，我们只要适当增加绿色，就相当于降低了洋红，绿色通道曲线调整及照片效果如图 4-8 所示。

图 4-8

到这里，色彩的调整也就差不多了。虽然照片色调有些冷，我们也不再继续调整，为什么呢？照片是在冬季东北的室外拍摄的，本身就有一种萧瑟寒冷的感觉，摄影师也想要表现这种感觉，那这种冷色调的效果是比较理想的。

这时，可以观察照片的整体效果，再观察 Photoshop 主界面右上角的直方图，发现缺乏一点高光和暗部层次，因此在曲线调整面板内切换回到 RGB 复合通道曲线，适当向内收缩一下暗部和高光，与此同时要观察明度直方图，让直方图合理起来，那照片影调层次也就合理了，如图 4-9 所示。

图　4-9

照片调整完毕后，关闭曲线调整面板，然后再拼合图像，最终修饰后的照片效果如图 4-10 所示。

图　4-10

总结：

对照片的调色，可以从白平衡校正开始，找准照片画面的基准色。然后再继续在打开的曲线面板中，针对红、绿和蓝三个通道进行微调，最终让照片色彩变得准确起来就可以了。也就是说，在 Photoshop 当中，白平衡校正往往要和曲线调色搭配起来使用，效果更好。

当然，你也可以理解为 Photoshop 当中的白平衡校正，本身就是曲线调色的一种形式。

4.2 曲线调色与色彩平衡的应用

1.曲线调色的综合应用

如果照片当中没有接近中性灰的地方，或者不好判断中性灰位置，又或者你觉得没有必要进行白平衡校正，那可以直接利用曲线调色来让照片的色彩变得准确。下面我们通过一个具体的例子，来巩固学习曲线功能的使用技巧。

首先，打开案例照片，可以看到画面色彩是不准确的，如图 4-11 所示。

图 4-11

创建曲线调整图层，如图 4-12 所示。

在"曲线"对话框的通道下拉列表中有 4 个通道：RGB 是复合通道，对应着"曲线"对话框中的黑色基线，用于调整照片的明暗；此外还有红、绿、蓝三个通道，分别对应着红、绿、蓝单色基线，用于调整照片中红、绿、蓝色彩的数量比例。举个例子来说，在通道中选定绿通道，曲线就变为了绿色的基线，向下拖动这条基线，即可让照片中的绿色比例下降，根据我们学过的色彩混合原理（洋红 + 绿色 = 白色，降低绿色就相当于增加洋红色），这样照片就会变得偏洋红色。

图 4-12

回到本例所要处理的照片上来。因为照片严重偏黄，但没有黄色通道曲线，所以我们根据混色原理，切换到蓝色曲线，适当提高蓝色曲线，这样就相当于降低了黄色，调整的曲线及照片画面如图 4-13 所示。

调整时我们要知道这样一个原理，即我们的目的是避免让照片过度偏黄，所以调整时照片色彩仍然不是准确的，我们只要不让照片偏黄就可以了，至于照片偏向了其他颜色，那我们后续可以继续调整。

图 4-13

提高蓝色比例，相当于降低黄色后，此时的照片是偏红的。那处理思路就很简单了，只要切换到红色曲线，降低红色，此时的曲线及照片画面如图 4-14 所示。

可以看到，经过两次曲线调色后，照片色彩开始趋于正常。

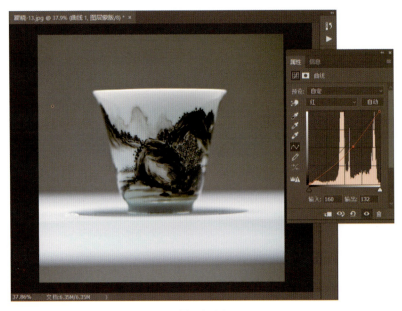

图 4-14

经过对黄色和红色的调整，照片色彩区域正常，但观察照片画面可以感觉得出，色彩是有些偏绿的，这时切换到绿色曲线，轻微降低绿色，照片色彩就基本上正常了。此时的曲线及照片画面如图4-15所示。

图 4-15

经过对各种色彩的调整，照片色彩变得准确了，这时拼合图层，然后保存照片就可以了，最终处理后的效果如图4-16所示。

图 4-16

总结：

曲线调色是非常专业和有效的工具，在以后的数码后期处理过程中，读者不妨尽量多尝试使用这款工具进行调色。而在本书后续的众多实战案例中，无论调明暗还是调色，我们也将主要使用曲线工具操作完成。

2.色彩平衡调色的关键点

在诸多的调色工具当中，色彩平衡是非常直观，也更为简单的一种调色技巧。对于上面这个案例，我们也可以使用色彩平衡调整来完成后期的调色过程。

按照创建曲线调整图层的方法，在打开的菜单中选择"色彩平衡"选项，可以创建色彩平衡调整图层，这样会展开色彩平衡调整面板，如图 4-17 所示。

在打开的面板当中，展开色调后面的下拉列表，可以看到阴影、中间调和高光三个选项。其中阴影对应着照片中最暗的部分，高光对应着照片的亮部，中间调则对应着照片一般亮度的部分。

即在对色彩调整之前，我们可以先限定是对照片中哪个亮度的区域进行调色。

图　4-17

一般情况下，我们可以先对照片的中间调进行调整，选中中间调后，可以看到青色—红色、洋红—绿色、黄色—蓝色这三组一共 6 种颜色，如图 4-18 所示。这与我们第一章所介绍的调色原理就对应了起来。

那接下来，用户就可以分别对各个亮度的层次进行调色了，具体的操作过程比曲线调色还要简单，这里我们就不再赘述了。

图　4-18

4.3 色调的一般创意

如果照片的色彩不正，可以通过我们介绍过的 Photoshop 多种调色功能校准。另外一些情况下，虽然照片色彩还原准确，但在氛围营造，以及对主题的烘托方面会有所欠缺，这时就需要摄影师对照片进行创意性的调色处理了。

下面我们将详细介绍对色彩准确但效果欠佳的照片进行调色的思路和实战技巧，具体包括暖色调、冷色调，以及冷暖对比照片的制作技巧。

1.暖色调

暖色调作品是指色轮上半部分以红色、橙色、黄色、洋红等为主构建的照片，这类摄影作品容易表现出浓郁、热烈、饱满的情感。早晚两个时间段，太阳光线是典型的暖色调，这时拍摄的照片（不包括正常的人像写真题材）如果为正常色，那可能就会欠缺一些表现力，渲染为暖色调后，照片效果反而会更理想。

图 4-19 所示的这张照片中，太阳光线就是暖色调的，河上蒸腾的水汽在光线的照射下稍稍显得偏暖，但效果不够明显，还有些偏洋红，太粉嫩了。如果渲染为更浓郁的红黄色调，则意境就会变得与众不同。

图 4-19

在 Photoshop 的后期调色当中，曲线是最准确，也是最好用的工具。单击"图层"面板底部的第 4 个图标按钮，在弹出的菜单中选择"曲线"，创建曲线调整图层，此时曲线调整面板也会打开。鼠标放到面板的标题栏，可以改变曲线调整面板的位置，这里我们将其拖放到一个不影响观察照片效果的位置，如图 4-20 所示。

图 4-20

暖色调以红、橙、黄、洋红等色系为主，在曲线调整中首先切换到红色通道。根据实际情况，照片中亮部的暖调会更浓郁一些，但如果暗部的暖调过度浓郁就会失真。因此我们提高亮部区域的红色比例；对于暗部，则不能提的过重，要适当追回来一些。此时的曲线与照片效果如图 4-21 所示。

图 4-21

此时的照片偏浓重的洋红色，实际上就是因为蓝色太重了。切换到蓝色通道，降低蓝色曲线的高光部分，然后在曲线中间打点，轻微向下拖动，让效果自然一些，如图 4-22 所示。

TIPS

降低蓝色就相当于增加黄色的比例，根据实际情况仍然是高光部分的黄色比例最重，因此我们对高光部分蓝色的降低幅度最大。

图 4-22

绿色曲线比较特殊，一般情况下我们的调整幅度不能太大，轻微的调整就会对照片效果产生非常大的影响。其作用是让暖色调效果是更偏洋红一些还是更偏黄一些。选择绿色通道，适当降低高光部分的绿色比例，这样会让暖调中融入一些洋红的成分；然后将暗部恢复到标准水平。曲线及照片效果如图4-23所示。

图 4-23

对 3 个原色通道都调整完毕后，返回到 RGB 复合通道。在复合通道曲线上提亮照片亮部，然后恢复一些暗部，这样可以让照片整体变亮但反差却不会有太大变化。最终 RGB 复合通道、红、绿、蓝 4 个通道的曲线线形和照片效果如图 4-24 所示。

图 4-24

至此，照片的调色部分就完成了。接下来，在"图层"面板中背景图层的空白处右击，在弹出的菜单中选择"拼合图像"命令，将多个图层合并为 1 个图层。

在 Photoshop 主界面左上角，选择"文件"｜"存储为"菜单项，打开"另存为"对话框，对照片进行命名之后，单击"保存"按钮。接下来会弹出"JPEG 选项"界面，用于对存储选项进行设置，这里我们设定为最佳画质，然后单击"确定"按钮即可，如图 4-25 所示。

这样，照片的整个处理就完成了。

图 4-25

TIPS

如果磁盘存储空间不够充裕，或是没有后续更进一步的应用，那此处也可以不保存为最佳品质。如将品质（即压缩等级）设定为8左右，那照片所占空间会极大地缩小，且在电子设备上浏览时基本不受影响。

以上我们用非常全面、详细的步骤介绍了照片暖色调处理的完整过程，如果需要暖色调照片，那只要按照这种思路来实现就可以了。

照片处理后的效果如图 4-26 所示。

图 4-26

2.冷色调

冷色调照片是指以色轮下半部分的蓝色、青色等色系为主构建的摄影作品,这种作品能够让人感觉到理智、平静,或者寒冷。

一些背光或是没有直射光的场景,如果刻意渲染和强化其冷色调的效果,会在一定程度上增强照片的表现力。下面我们将介绍冷色调摄影作品的制作思路和技巧。

如图 4-27 所示的照片,场景中没有直射光线,属于散射光环境,那这类照片给人的感觉是寒冷或是幽暗的。这种照片天生就适合渲染为冷色系:既可以强调照片的主题,又可以美化照片的形式感,强化视觉效果。

图 4-27

对于色彩的创意性调整,绝大多数是以曲线调色为主来实现的。

所以,很自然地,先创建曲线调整图层。冷色调以蓝色、青色等色系为主,所以我们首先降低照片中偏暖的色调。在曲线调整面板中切换到红色曲线,在占据画面绝大部分的中间调区域创建锚点向下拖动,降低红色,增强冷清的感觉,此时的曲线及画面效果如图 4-28 所示。

图 4-28

降低暖色调的比例后，观察可以发现照片是偏黄的，黄色并不是理想的冷色系，因此我们在通道中切换到蓝色曲线。

适当向上拖动蓝色曲线，就可以起到降低黄色的作用，画面整体氛围变得更冷了，此时的曲线及画面效果如图 4-29 所示。

图 4-29

其实通过红色和蓝色两条曲线的调整，我们已经实现了照片色调变冷的效果，但是仔细观察，你会发现照片是有些偏绿的，可能并不一定符合你的偏好，因此可以利用绿色曲线对照片的色调进行偏色处理。轻微降低绿色成分的比例，会让照片的蓝色更纯净一些，不会那么偏青。

在曲线调整面板中切换到绿色曲线，在曲线上中间部位创建一个锚点，轻轻向下拖动，降低绿色比例，此时的曲线形状及照片效果如图 4-30 所示。

图 4-30

三条单色曲线的调整完毕，那调色部分也就完成了。但照片仍然缺乏一点幽暗的氛围，因此我们回到 RGB 复合曲线，压暗暗部，再将亮部恢复回来。操作过程是在暗部创建锚点，向下拖动压暗，然后在亮部创建锚点，适当恢复一些亮度，曲线形状及照片效果如图 4-31 所示。

图 4-31

这样，照片就调整完成了。如果你对效果不甚满意，那还可以轻微地对色彩及明暗进行微调。最后拼合图层，再保存照片就可以了，如图 4-32 所示。

图 4-32

总结：

无论是暖色调，还是冷色调的制作，其实你可能已经发现了一点，整体上我们对绿色曲线的调整都是非常轻微的。这点希望大家能注意一下，实际应用当中绿色曲线一般不会有大幅度的调整。

图 4-33 和图 4-34 展示了另外一张原片处理为冷色调后的效果。原片偏暖，那么画面的通透度就会有所欠缺，给人不够干净清新的感觉。

图　4-33

处理为冷色调后，相当于为画面增加蓝色和青色，照片的通透度会有所加强，画面更加干净。对于本例，在处理时，在曲线面板当中，将复合曲线左下角的锚点强行向上提了一点，这样会增强一些画面的胶片感，大家可以尝试一下。

图　4-34

3.冷暖对比色调

我们经常会拍摄图4-35这类的照片，太阳西下或是朝阳升起。

大多数情况下，这类照片往往是阴影的比重较大，受光照射的部分可能会小一些。根据我们的认知，阴影部分如果是冷色调，画面的色彩感会更漂亮，而这种冷色调还会与受光照射的暖色调部分形成冷暖对比，最终使照片光影及色调俱佳。

TIPS

其实无论什么题材，只要是在低角度的太阳光线照射下，大多数是可以处理为冷暖色调的。

图 4-35

创建曲线调整图层。我们的目的是将暗部渲染为冷色调，也要加强亮部的暖色调，因此先切换到红色通道曲线，选择小手"目标选择与调整工具"，光标放到太阳周边的亮部，按住向上拖动，增强亮部的红色，此时的曲线及照片效果如图4-36所示。

图 4-36

非常明显，暗部也被我们调得非常红了，因此要将暗部的红色降低，因此将光标移动到地面的暗部，按住向下拖动，可以看到雪地的红色被降了下来，此时的曲线及照片画面如图 4-37 所示。

图 4-37

我们的另外一个目的，是要让暗部色调变冷，因此切换到蓝色通道，在蓝色曲线暗部创建锚点，向上拖动增加蓝色，这可以增强暗部的蓝色。因为曲线是平滑的，所以曲线亮部也会被自动地向上拖动了，被渲染上了蓝色，但这不是我们想要的，所以在亮部创建锚点向下拖动进行恢复。此时的曲线形状与照片画面如图 4-38 所示。

这里要注意的是，在降低高光的蓝色时，可以直接降低最亮部分的蓝色，确保照片中最亮的部分是暖色的。

图 4-38

接下来，切换到绿色通道，对洋红色过重的亮部进行校正。

通过观察我们会注意到，暗部是洋红过重，而亮部则欠缺一点洋红色。因此在绿色通道中，我们适当增强暗部的绿色，降低亮部的绿色。此时的曲线形状与照片效果如图 4-39 所示。

TIPS

调整绿色时要注意我们之前介绍过的，幅度一定要小。

图　4-39

分别对蓝色、红色和绿色曲线调整到位后，照片的整体色调基本上就设定好了。这时照片的影调显得不够明显，因此切换到 RGB 复合通道，适当降低暗部，提亮亮部，强化照片反差，丰富影调层次，如图 4-40 所示。

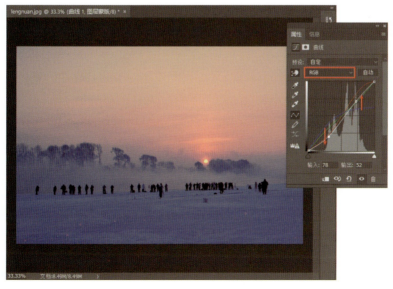

图　4-40

通过以上的调整，我们就将照片的色彩和影调大致处理好了。此时观察照片的明度直方图，发现照片是缺乏一些高光层次的，如图 4-41 所示。

因此再创建一个曲线调整图层，裁掉右侧缺乏高光的空白部分，适当压暗中间调，让照片的影调层次明显而且丰富，此时的曲线如图 4-42 所示。

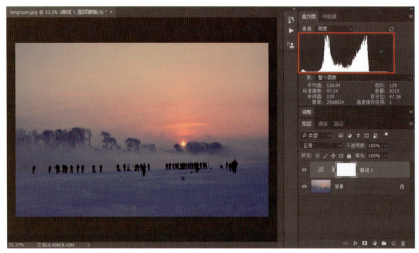
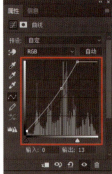

图 4-41　　　　　　　　　　　　　　　　　图 4-42

直方图调整到位后，拼合图层，将照片保存就可以了。最终的效果如图 4-43 所示。

图 4-43

总结：

只通过一个案例，你可能还是无法彻底掌握冷暖对比色调效果的制作技巧，但没有关系，你只要记住冷暖对比色调制作的主要思路就可以了，即红色曲线是 S 形的，而蓝色曲线是反 S 形的，绿色曲线是接近 S 形的。

图 4-44 和图 4-45 向我们展示了将原片处理为冷暖对比效果的另外一个案例。原图的色彩虽然准确，但相对来说还是有些平淡。

图　4-44

对照片进行冷暖对比的调色之后，可以发现照片的色彩和影调都更加漂亮。

图　4-45

4.4 黑白与单色

在摄影诞生后的近 100 年里，黑白摄影是主流，历史上曾经诞生过许多伟大的黑白摄影作品。时至今日，彩色摄影是主流，但仍然有许多资深摄影师喜欢用黑白的画面来呈现摄影作品，黑白并不会妨碍摄影作品的艺术价值。

即便是彩色摄影时代，黑白仍然是一种重要的摄影风格，就如同一些传统水墨画没有色彩一样。归纳一下，我们在面临这几种情况时，可以考虑将照片转为黑白效果。

（1）在摄影师要表现的画面重点不需要色彩来渲染，或者说色彩对主题的表现起不到正面促进作用时，就可以选择黑白来表现。这样做不仅可以弱化色彩带来的干扰，让欣赏者更多关注照片内容或是故事情节；而且可以增强照片的视觉冲击力。如图 4-46 所示，照片整体很简单，并没有特别出彩的地方。本照片应该加强建筑物的形态表现力，并强化建筑表面的纹理质感，可惜色彩的干扰让主体的形态并不明显，并且表面的纹理也不够清晰。

图　4-46

将照片转为黑白后如图 4-47 所示。在黑白转换过程当中要适当改变不同色彩的明度，最终使周边景物变暗，让突出的屋檐部分变亮，变得醒目，这样形态线条更加突出，而表面的纹理细节也能显示出来。最终使画面看起来影调层次丰富，主体突出，细节完整，质感强烈。

图　4-47

（2）有时候我们拍摄的照片，色彩非常杂乱，这显然与"色不过三"的摄影理念相悖，这种情况下将照片转为黑白，可以弱化颜色所带来的杂乱和无序，让画面看起来整洁、干净。无论风光还是人像，都有很多时候需要滤去杂乱的色彩，将照片转为黑白。这是一种不得不做的黑白转化，是让照片变为摄影作品的必要步骤。

（3）许多本身已经很成功的摄影作品，通过合理的手段转换为黑白效果，能够呈现出一种与众不同的风格，令人耳目一新。

对于彩色照片转黑白，许多初学者的认识可能有误，因为有两种处理操作实在太简单了。我们只要选择"图像"｜"调整"｜"色相/饱和度"菜单项，打开"色相/饱和度"对话框，拖动饱和度滑块到最左侧，将饱和度变为–100，即可得到黑白效果的照片。另外，也可以在"模式"菜单中，选择"灰度"菜单命令直接将照片转为黑白。但对于照片后期处理来说，上述两种处理方法都是不正确的，因为那只是简单地将色彩的饱和度扔掉了，仍然会保留原照片色彩的明度，无法改变原照片的明暗影调分布，对优化照片没有太好的促进作用。

正确的做法应该是在转黑白时，根据画面明暗影调的需求，针对不同色彩做出有效设定，让明暗更符合照片表达主题的要求。举例来说，将带有蓝色天空的照片转黑白，那我们可以在扔掉蓝色饱和度的同时，降低蓝色的明度，这样蓝色天空等景物就会变得更暗，更利于突出地面的主体。

下面我们通过具体的案例来介绍照片转黑白的正确做法。利用 Photoshop 进行照片黑白处理时，使用的是"黑白"工具。在 Photoshop 中打开照片，如图 4-48 所示。

图 4-48

照片在转黑白时，与一般调色的思路不太一样，在使用黑白工具处理之前，有时需要加一个步骤：利用"阴影/高光"工具对照片的暗部和高光部位进行适当修复，避免这两部分在转黑白后变为死黑和死白的一片，损失大量细节。在"图像"｜"调整"菜单中选择"阴影/高光"菜单项，打开"阴影/高光"对话框。根据我们前面介绍过的"阴影/高光"工具的使用方法，对照片进行调整。前期调整本照片时，只有一个宗旨，那就是要在确保照片明暗过渡不出现断层的前提下尽量追回更多细节，而不必过多考虑照片是否好看。照片调整后的参数及画面效果如图 4-49 所示（本例中，如果继续提高阴影的数量值，可以追回更多暗部细节，但会出现明暗过渡的断层，综合来看 25% 是一个比较合理的值）。

图　4-49

照片明暗细节调节到位后，单击"确定"按钮返回软件主界面的工作区。在"图像"｜"调整"菜单中选择"黑白"菜单项，打开"黑白"对话框，此时照片已经变为了默认状态的黑白，如图 4-50 所示。在该对话框中，有红色、黄色、绿色、青色、蓝色和洋红 6 个颜色通道，每个通道记录着照片中相应颜色的明度信息，只要拖动这些颜色通道滑块，即可改变照片中对应颜色的亮度，这样黑白照片的明暗就会发生变化。

图　4-50

观察照片中的黑白效果，黄色香蕉、杧果过于暗淡，在对话框中适当向右拖动黄色滑块，即表示提高原黄色像素的明度，可提亮照片中的黄色部分，拖动时要注意观察，不要让黄色出现高光溢出，拖动到合适位置后停止调整即可。我们是因为记得杧果与香蕉是黄色的，才能够直接拖动黄色滑块，但其他颜色我们可能无法——记清，这样在调整时就无法准确把握，如果没有记住照片中对应的颜色，那就无法进行准确调整了，那怎么办呢？其实很简单，只要你随时单击对话框右侧"预览"复选框，就可以在黑白和彩色之间切换，查看照片中各种对象的色彩后，再切换回黑白拖动对应色彩滑块即可。

根据实际需要，我们提亮红色，让草莓部分变得稍微明亮一点，但不要过度提亮，否则偏红的背景也会过亮；适当提亮蓝色，你会发现葡萄变得更加晶莹剔透；适当降低绿色，让草莓绿色的外皮稍稍变暗一些，这样可以区别于红色的果肉部分；然后再微调其他颜色滑块，并注意随时观察照片画面的明暗变化，调整到位后停止操作即可。此时的照片画面效果如图 4-51 所示，这也是照片最后的调整效果。

图 4-51

现在，就可以对比照片转黑白的各种效果了，图 4-52 为原图不经过阴影/高光处理，也不经过不同色彩明度的处理，直接转为默认黑白的效果对比。

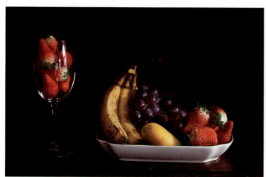 

图 4-52

图4-53所示为原图先进行"阴影/高光"处理,追回大量暗部和高光细节后,转为默认黑白后的效果对比。这时你会发现照片整体的影调层次不够丰富,整体过于暗淡了。

图 4-53

图4-54为先对原照片进行"阴影/高光"处理,追回更多亮部和暗部细节;在转黑白时再根据不同的色彩进行明度的调整,这样转为黑白后,主体景物明亮突出,而背景偏暗,保留了一定的环境信息,但又不会削弱主体的表现力。

也就是说,对原照片进行"阴影/高光"处理之后,再利用合适的色彩通道调整,可以调出漂亮的黑白效果。

图 4-54

在"黑白"调整对话框中，还有两个比较实用的功能。第一个是"预设"下拉列表，在该列表中有多种滤镜效果。选中某种色彩滤镜，可以直接让照片转为有一定效果而非默认的黑白画面。其中，一些单色的滤镜效果非常强烈，例如，设定红色滤镜时，会将照片中的红色系极大地提亮，如图 4-55 所示；选择黄色滤镜时则会将照片中的黄色系像素极大地提亮。

图 4-55

最后一个重要功能是"色调"复选框。选中该复选框后，你会发现刚转为黑白的照片，被渲染成了某种单色的效果，称"色调"为"着色"可能更为合适一些，该功能用于为转成的黑白照片添加某种单一色彩。拖动色相滑块，可以改变为黑白照片渲染的色彩，饱和度滑块则可以改变我们刚渲染为单色照片的饱和度。为本例中转为黑白的照片添加上褐色后的一种画面效果如图 4-56 所示。

图 4-56

总结：

其实大部分情况下，如果要求不是太高，而原片又没有严重缺乏暗部层次，就没有必要对照片进行阴影 / 高光处理。可以直接调用黑白命令，对照片进行黑白修饰即可。

4.5 高级案例：修复杂乱的色调

如果你还记得，在照片明暗影调处理时，对高光溢出部分的修复的技巧，那么本案例就不再让你感觉困难了。当然，你还需要有一个思路的转变，即之前我们修复的是高光溢出的死白部分，而这里我们要修复的是照片中杂乱的色调。

很多时候我们拍摄的场景总是不够理想，比如光污染严重，那杂色就特别多；比如拍摄画面的背景非常杂乱，有景物明暗的杂乱，也会有色彩区域的杂乱，诸多的杂乱都会影响照片整体的表现力。而我们要做的就是修复和消除这些杂乱的因素，让照片看起来干净、漂亮。

下面来看具体的案例，打开图 4-57 所示的照片。这个场景和瞬间其实是很漂亮的，太阳西下，已经有了霞云初始的样子，而近处天空中的乌云密布，令人感到震撼。如果说有瑕疵，那就是杂乱的反射光线让天空部分的色彩不够统一、协调，接下来我们的任务就是消除这些杂色。

图　4-57

在"图层"面板底部，单击"创建新图层"按钮，可以看到创建了一个空白的图层，如图 4-58 所示。

这个空白图层的原理其实很简单，就像在原照片上方盖上了一层透明玻璃。

图　4-58

首先分析照片的云层部分，你会发现其实云层是有两部分的，而这两部分的色彩并不相同，需要分别进行色彩的涂抹和渲染。

在左侧的工具栏中选择吸管工具，在右侧云层部分取色，让前景色变为你想要的云层颜色，如图4-59所示。

图 4-59

在工具栏中选择画笔工具，选择柔性笔刷，让涂抹时的边缘不会太硬而显得不自然。单击确保选中新复制的空白图层，在右侧云层上涂抹，如图4-60所示。

图 4-60

这种涂抹会将背景图层的所有细节层次都遮盖掉了，显然不是我们想要的，因此将图层混合模式改为"颜色"，并适当降低新图层的不透明度，让照片色彩变得自然起来，如图4-61所示。

"颜色"图层混合模式，其原理是用当前图层的颜色，替换下面图层的颜色，而下面图层的明暗层次不变。这样就在保留了背景图层细节层次的基础上，让色彩几乎变为了纯色；而为了防止太干净的纯色显得太假，所以适当降低了饱和度，让效果自然一些。

图 4-61

接下来，再创建一个新的空白图层，如图 4-62 所示。再在工具栏中选择吸管工具，在左侧的云层部分取色，让前景色变为你想要的左侧云层颜色，如图 4-63 所示。

图 4-62

图 4-63

选择画笔工具，设定柔性笔刷，在左侧的云层部分进行涂抹，让这部分色彩变为纯色，此时的纯色将背景细节层次都遮盖掉了，如图 4-64 所示。

单击确保选中左侧云层涂抹的新建图层，将图层混合模式改为"颜色"，并适当降低不透明度，此时的照片效果如图 4-65 所示。至于这样操作的目的，之前我们已经介绍过，这里就不再赘述了。

图 4-64

图 4-65

处理到这一步,问题就出来了:我们为什么要创建两个空白图层,分别对右侧和左侧云层涂色?其实很简单,这样我们可以对两个图层设定不同的不透明度,让效果更真实自然。并且,我们还可以在涂色之后,分别对涂色效果进行更进一步的调整。

分析照片,我对右侧云层的色彩并不是太满意,那这样我只要选中右侧云层所在的涂色图层,然后打开"色彩平衡"对话框,对色彩进行以下微调,如图 4-66 所示。

图 4-66

当然，你还可以继续创建空白图层，对水面的左侧进行色调的涂抹处理，这里就不再重复操作了。

最后，右击背景图层的空白部分，在弹出的菜单中选择"拼合图像"项，此时的图层就合并起来，变为了一个图层，如图 4-67 所示。

图 4-67

处理完毕后，将照片保存即可。照片调整前后的效果对比如图 4-68 所示。

图 4-68

总结：

上述方式类似于对高光部分的修补，整个过程还是很简单的。这里你需要思考两个问题：①创建空白图层，再对空白图层进行涂色，这种操作可以用另外的一种方式来代替，是什么方式呢？很简单，我们可以创建纯色调整图层；②填充颜色修复过度曝光或杂色，这种修片方式其实非常适合一些花卉及人像类摄影，用于对已经虚化但仍显杂乱的背景进行修饰。

第5章 质感

　　质感是指物品的材质、纹理等带给人的视觉和心理感受。摄影领域，如果拍摄对象表面的纹理、材质与色彩感非常清晰，可以给欣赏者很直接的视觉印象，仿佛触手可及一般，这样的作品通常被认为质感较好，反之则差一些。

　　一般情况下，拍摄前期的光影、拍摄焦段、拍摄距离等会对质感产生较大影响；从后期的角度来看，照片锐度、清晰度、颗粒、色彩等会对质感产生较大影响。本章我们将从后期的角度介绍强化照片质感的多种不同技巧。

5.1 前期的拍摄技巧

1.控制质感

摄影领域，照片画质、镜头焦距、拍摄物距、现场光线情况等都会影响到作品的质感。画面质感的表现并不一定必须使用最佳光圈来表现，只要对焦清晰，光影得当，即使使用小光圈，并将景物拉近，也能表现出完美的质感，从这个角度来看，距离和光影对质感的影响更大。

如图 5-1 所示，利用微距镜头还有超近的对焦距离，能够将拍摄对象在照片中放大，呈现出拍摄对象表面的纹理和细节，从而塑造拍摄对象的表面质感。

如图 5-2 所示，利用长焦镜头将拍摄对象拉近，让拍摄对象表面的纹理和细节呈现得丰富、细腻。

图 5-1

图 5-2

如图 5-3 所示，广角镜头虽然不利于强化景物的质感，但因为我们距离前景比较近，并利用小光圈让近景变得比较清晰，可以看到画面中近景的城墙也呈现出很好的质感。

图 5-3

2.光影的质感

仔细观察质感表现好的摄影作品，可以发现景物的影调控制都较为出色，明暗相间，疏密得当。这种光影效果多需要硬调光来表现，斜射或是侧摄的直射光可以使景物表面凹凸的纹理拉出一定的阴影，阴影越多时纹理效果越明显，质感也就越强烈。但过硬的直射光不适合表现景物质感，因为强光会使受光的一面变为全高亮状态，可能会有高光细节溢出的问题，并且无法表现出色彩的感觉；除此之外，强光时的光线夹角一般较大，阴影很短，这样也不利于表现景物表面纹理。

即使用软调光表现景物表面的纹理效果，也应该是方向性很强的软光，这样才能拉出纹理的阴影。使用软调光表现质感还有一个好处就是可以将画面拍摄的非常柔和，给人一种舒适的感觉。

如图 5-4 所示，长焦镜头将人物拉近，而斜射的光线由于夹角较小，因此人物皮肤表面的绒毛及纹理拉出了一些阴影，从而使画面质感更加强烈。

图 5-4

5.2 锐化的程度

锐化可以强化照片中景物表面的细节及质感。下面我们将介绍一般题材和人像写真这两类的锐化技巧。针对这两类题材来说,并不是说只依靠锐化就能实现最好的质感强化效果,我们主要介绍的是锐化的程度控制。

1.静物类

看一下图5-5所示的这张静物照片。这种一般的静物照片拍摄出来之后,即便经过了色彩和影调的调整,但照片整体看起来还是比较柔和的,静物表面的细节虽然比较细腻,但像素及局部的边缘不够锐利,也就是通常所说得不够清晰、质感不算强烈。

图 5-5

图5-6为截取照片中的一个局部放大进行查看,可以看到,许多细节的边缘轮廓并不是特别清晰,细节的呈现效果也不是特别好。针对这种情况,就可以通过锐化来解决。

图 5-6

在 Photoshop 主界面中选择菜单栏中的"滤镜"|"锐化"|"USM 锐化"选项，即可打开"USM 锐化"对话框，可以看到有"数量""半径"和"阈值"三个参数，如图 5-7 所示。

其中，"数量"是指锐化强度的高低，对于一般的题材来说，可以设置"数量"为 100%～300%。需要注意的是，这里仅仅限于在 Photoshop 中设置，而在 Camera Raw 中，"数量"应设置得小一些，一般不会超过 150%。这里将"数量"设置为 196%。

"半径"是指像素之间的距离，通常情况下，像素越大，锐化的效果越明显。

"阈值"是指像素之间的明暗差别，如果阈值为 0，那么即便两个相邻像素的明暗完全相同，那么这两个相邻像素也会被进行锐化，强调它们之间的明暗和色彩差别。一般情况下，阈值应设置为 0～5，通常设置得越小越好，这里设置为 1。

下面看一下"半径"的变化对锐化的影响。我们知道，半径越大，锐化强度越高，但是，如果半径值过大，那么会让景物的边缘轮廓出现明显的亮边，其他区域也会失真，这样整体照片就不再自然了。

图 5-7

放大照片可以看到，半径值过大，局部出现了很多像素失真，边缘也出现亮边，这显然不是我们想要的效果，如图 5-8 所示。因此，正常情况下，对于一般的题材，半径值应设置为小于 2 的数值。

图 5-8

当然，为了确保我们的锐化操作有一定的强度，可以将半径设置为 1～2，那样景物表面的边缘轮廓将非常清晰，也没有失真的现象，这样就达到了锐化的目的。这里将"半径"设置为"1.6"像素，如图 5-9 所示。

可以看到，合理锐化后的照片细节丰富，像素锐利，质感强烈，如图 5-10 所示。

图 5-9

图 5-10

2.人像写真类

上面介绍了一般静物题材的锐化技巧,其实,对于风光摄影来说,也可以采用之前介绍过的锐化参数组合进行处理,但对于人像写真题材来说,则有一些其他的要求。

对于人像来说,一般拍摄时往往会设定比较低的反差和锐度,以确保人物的肤质比较光滑、细腻、白皙。但是,锐度过低的话,会让人物的睫毛、头发、眉毛等部位无法呈现出很好的锐度。因此,在人像后期处理时,往往也需要进行适度的锐化,来增强人物皮肤的质感,丰富照片细节。至于人像锐化时的处理,仍然可以选择 USM 锐化,在锐化的数量方面,也可以保持之前介绍的设置为 100% ~ 300%,阈值可以设置为 0 ~ 2,而与其他题材不同的是半径的设置。对于人像题材的锐化来说,如果半径设置得过大,那么在人物的发丝边缘等部位非常容易造成失真的现象,因此,对于人像题材来说,其半径一般设置为 0.5 ~ 1.5,一般建议设置为 1.0。我们打开如图 5-11 所示的照片。

图 5-11

在设置参数时,可以在预览框中看到设置参数后的画面效果。将光标放置在预览框中,按住鼠标左键不放单击预览框,即可看到设置参数前的画面效果,放开鼠标后,显示的则是设置参数后的画面效果,这样就可以随意切换对比锐化前后的效果。图 5-12 所示为锐化后的效果,图 5-13 所示为单击预览框后锐化前的效果(这是一个比较实用的技巧)。

图 5-12

图 5-13

另一个技巧是,在"USM 锐化"对话框中,取消选中"预览"复选框,显示的就是锐化前的效果,如图 5-14 所示;选中"预览"复选框,显示的就是锐化后的效果,如图 5-15 所示。

图 5-14

图 5-15

处理完成后,单击对话框中的"确定"按钮,就将这张人像照片锐化完成了,如图 5-16 所示。可以看到,发丝的轮廓非常清晰,面部睫毛、眉毛等的细节也非常清晰、锐利,而整体上又不会破坏肤色的平滑程度,可以说,在确保人像照片自身特色的前提下,增加了画面的质感。

图 5-16

5.3 "清晰度+锐化"打造强烈质感

对于一般的题材，仅靠锐化是无法打造出最强质感的，一般情况下，如果我们要获得强烈的画面质感，往往需要"清晰度 + 锐化"组合来实现。

1.一般题材

对于一般题材来说，如果我们对景物的一些平滑程度要求不是特别高，那么可以通过清晰度调整来强化画面中景物的轮廓和线条。看一下图 5-17 所示的这张小景照片，可以看到，画面整体过于柔和，这时就可以通过"清晰度 + 锐化"的方式来强化其质感。

图 5-17

清晰度调整主要是在 Camera Raw 中进行的，因此，将照片在 Camera Raw 中打开。首先，对照片的白平衡色彩及影调进行处理，使照片整体的色调及影调得到很好的优化，如图 5-18 所示。

图 5-18

由于已经对色彩进行过处理，接下来可以强化景物边缘的轮廓及线条。处理方法非常简单，只需要提高"清晰度"参数，就可以看到照片中景物的边缘得到了很好的强化，如图 5-19 所示。

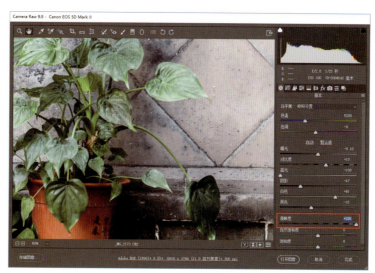

图 5-19

在前面的操作中，由于我们将"清晰度"提到最高，画面中的局部产生了失真现象，不够自然，因此，即便是对清晰度的强化，也应掌握一个合理的程度。在调整时，应边提高"清晰度"参数值，边观察画面，以能够强化景物边缘轮廓和线条，而又不让照片出现严重失真为宜。这里将"清晰度"设置为如图5-20所示的数值，相应的画面效果见左侧预览框。

图 5-21

清晰度调整强化的是景物的边缘轮廓，它对一些景物表面的细节并没有进行很好的强化。如果我们要强化景物表面的细节像素，那么就需要通过锐化校正来实现。切换到"细节"面板，在"锐化"选项组中可以提高"数量"参数。前面介绍过，在Camera Raw中的锐化数量与Photoshop中的锐化数量，虽然同样代表的是锐化的程度高低，但是在Camera Raw中，"数量"不宜设置得过高，一般设置为50～150，这里设置为95，如图5-21所示。此时可以看到，照片中景物表面的细节得到了很好的强化。另外，还要注意的是半径值，它对照片的影响是非常明显的，半径值也不要设置得过大，无论是何种题材，在Camera Raw中进行锐化，半径值不应设置得过大，一般不要超过1.5，设置为1.0左右即可。如果是对人像写真题材进行锐化，那么最好将半径值设置为0.5～1.0。

至于"细节"选项组中的其他参数，如"细节""蒙版"及"减少杂色"选项组中的参数，在《神奇的后期》一书中已经详细介绍过，这里不再赘述。

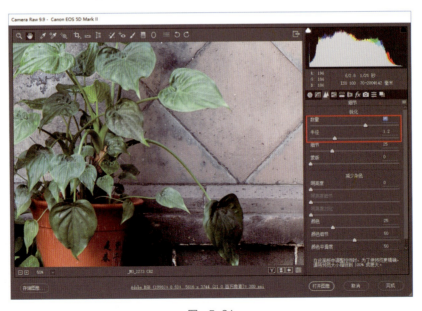

图 5-21

这样，我们就对照片的明暗、清晰度和锐度进行了调整，"基本"选项卡内的调整如图 5-22 所示，"细节"选项卡内的锐化调整如图 5-23 所示。

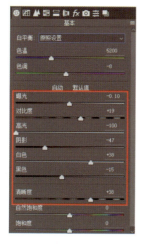

图 5-22　　　　　　图 5-23

调整完成后，在 Camera Raw 滤镜中直接单击界面左下角的"保存图像"按钮，设置好图像的保存位置及格式等，就可以将照片保存。当然，也可以单击右下角的"保存"按钮，直接将照片在 Photoshop 中打开，再进行保存或进一步处理。

经过清晰度及锐化处理后，可以看到，照片的质感变得更加强烈，细节也更加丰富，如图 5-24 所示。

图 5-24

2.建筑类

拍摄纪实人像、建筑题材时,有时主体表面细节和影调过于平滑细腻、柔和,会缺少一些视觉冲击力。这时如果强化主体表面的纹理和线条,就会让细节丝丝分明,更富表现力。

如图 5-25 所示,拍摄的是一张古建筑飞檐照片,如果不加处理,那么照片很难说成功,因为画面过于简单和平淡了。我们要做的是强化主体景物表面的质感,增强视觉效果。原片是 RAW 格式,将其拖入 Photoshop 后,会在 Camera Raw 中打开。

图 5-25

在进行高质感处理之前,应该尽量让照片呈现出更多细节。正常来说,我们应该压暗高光,提亮暗部,避免产生暗部和高光的溢出。在本例中,因为暗部表现力较好,因此这里轻微提亮了暗部,尽量降低了高光,并适当修改了白平衡,让色彩变得更加漂亮。

处理后的参数和照片效果如图 5-26 所示。

图 5-26

在 Camera Raw 中将照片的色彩和细节调整到位后，提高清晰度，如图 5-27 所示，这样可以看到，景物边缘的轮廓明显变得清晰，景物表面的局部线条也变得十分明显。

图 5-27

接下来按照之前介绍的方法对清晰度进行调整之后，切换到"细节"面板，在"锐化"选项组中对照片的锐度进行强化，提高数量值，轻微提高半径值，如图 5-28 所示。

另外，在处理这类建筑题材的照片时，可以适当提高细节值，让景物表现出更多的细节信息，使建筑表面更加锐利。

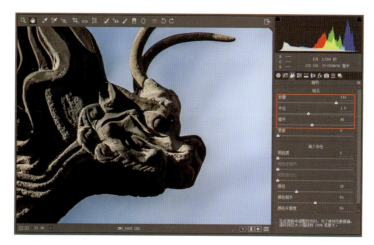

图 5-28

对照片的清晰度和锐度调整之后，还可以返回"基本"面板，对照片的色彩和影调进行轻微的优化，如图 5-29 所示。处理完成后，单击"打开图像"按钮，将照片在 Photoshop 中打开。

图 5-29

由于飞檐的避雷带干扰了我们的视觉效果，因此可以将其去除。在 Photoshop 的工具栏中选择"污点修复画笔工具"，然后设置合适的笔触，在避雷带上涂抹，就可以将其去除，如图 5-30 所示。

图　5-30

对于与屋脊相交区域的避雷带，不应直接使用"污点修复画笔工具"进行涂抹，而应先使用"多边形套索工具"将这部分区域勾选出来，然后选择"仿制图章工具"，设置合适的笔触，最后将避雷带区域处理掉，如图 5-31 所示。

图　5-31

处理完成后，按键盘上的【Ctrl+D】组合键取消选区，可以看到修复后的效果，如图 5-32 所示。

图 5-32

观察画面可以看到，有些局部修复得并不是很理想，出现了像素紊乱的现象，这时可以使用其他的修补工具进行修复。这里选择"修补工具"，设置合适的"结构"和"颜色"参数值，然后将画面中不自然的区域框选出来，并向周围区域拖动，这样就可以将不自然的区域修复好，如图 5-33 所示。

图 5-33

这时可以看到初步强化画面质感并修掉避雷带之后的效果，如图 5-34 所示。

图 5-34

如果觉得画面质感仍然不够强烈，这时可以再次打开 Camera Raw 滤镜，对清晰度进行设置，强化建筑的细节轮廓。当然，调整时，为了避免产生高光或暗部溢出，还需要对"阴影""黑色"等参数进行微调，如图 5-35 所示。

图 5-35

调整完成后，单击"确定"按钮返回 Photoshop 主界面。可以看到，经过多次强化后，得到的照片影调层次和色彩都非常漂亮，最理想的是，画面质感非常强烈，给人强烈的视觉冲击力，这样，就将一张一般的照片处理成了一幅完美的摄影作品，如图 5-36 所示。

图 5-36

3.纪实人像类

在强化建筑类题材作品的质感时,我们极大地提高了照片的清晰度,强化了景物的边缘轮廓和线条,但对于一些人像类题材,尤其是纪实人像,虽然也可以强化清晰度,但如果清晰度强化的程度很高,那么人物的边缘区域就会出现严重的失真,给人极不自然的感觉。具体怎样处理呢?下面通过一个案例来进行介绍,打开如图 5-37 所示的原始照片。

图 5-37

照片给人的感觉很柔和,如果要强化这张照片的质感,可以将照片在 Camera Raw 中打开,然后降低高光,提亮阴影,这样做的目的是保证在后续提高清晰度时不会产生过多的高光和暗部溢出。接着提高清晰度,之后切换到"细节"面板,对照片进行锐化,参数设置及照片效果如图 5-38 所示。

图 5-38

处理完成后,单击"确定"按钮返回 Photoshop 主界面,可以看到,照片中的人物面部是严重失真的,并且出现了亮边,这是因为我们将清晰度提得过高导致的,这时应如何处理的?其实很简单,按【Ctrl+A】组合键复制当前的画面,可以看到照片边缘出现了蚂蚁线,这说明照片已经处于选中状态,如图 5-39 所示。

图 5-39

打开"历史记录"面板,可以看到这张照片在打开后,经过 Camera Raw 滤镜的处理,然后经过复制操作,这时选中最初的"打开"步骤,这样照片就回到了处理前的原始状态,如图 5-40 所示。

图 5-40

这时，按【Ctrl+V】组合键，即可将之前复制的处理后的照片粘贴到原始照片中。在"图层"面板中可以看到生成了两个图层，即"背景"图层和"图层1"图层，"背景"图层是指没有经过处理的原始照片，"图层1"图层则是指进行过 Camera Raw 滤镜的处理，强化过清晰度及锐度后的照片效果，也就是说，"背景"图层和"图层1"图层是两种不同的效果，而此时画面呈现的是我们处理后的效果，如图 5-41 所示。

图 5-41

由于此时我们想要让强化清晰度后的效果更自然，那么可以降低"图层1"图层，即处理后的图层的"不透明度"，这里设置为 60%，如图 5-42 所示。

将降低不透明度后的图层与原始照片图层进行混合，得到的最终效果就会介于原始照片效果与强化清晰度后的效果之间，这样效果还是比较自然的。

图 5-42

从原始照片（见图5-43）与最终照片效果（见图5-44）的对比来看，很明显，最终的处理效果更加理想，人物面部及皮肤部位更加清晰、锐利，质感强烈。

图 5-43　　　　　　　　　　　　　　　　图 5-44

处理完成后，在"图层"面板中右击任意一个图层的空白处，在弹出的快捷菜单中选择"拼合图像"命令，将图像拼合起来，最后将照片保存即可，如图5-45所示。

图 5-45

总结：

之所以要对强化清晰度之后的照片与原图层进行中和操作，是因为对于人像照片来说，一味地提高清晰度会让人物的重点部位出现严重失真，不够真实自然，而中和之后的效果则能兼顾清晰度、质感与画面的自然程度。

5.4 HDR色调中的细节调整

本案例所处理的是一张建筑屋檐的照片,如果不加处理,照片很难说成功,因为画面过于简单和平淡了。我们将要做的是强化主体景物表面的质感,增强视觉效果。原片是RAW格式,拖入Photoshop,在Camera Raw中打开。

在进行高质感处理之前,应该尽量让照片呈现出更多细节。正常来说,我们应该压暗高光,提亮暗部,避免产生暗部和高光的溢出。在本例中,因为暗部表现力较好,所以我们只要降低高光,避免亮部太白就可以了;另外可以适当修改白平衡,让色彩变正常。处理后的参数和照片效果如图5-46所示。

TIPS

如果是JPEG格式照片,可以通过"阴影/高光"处理,追回高光和暗部的细节。

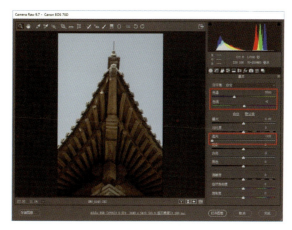

图 5-46

在Camera Raw中将照片处理到位后,单击右下角的"打开图像"按钮,将照片在Photoshop中打开。在"图像"菜单中选择"调整"菜单项,然后在打开的子菜单中选择"HDR色调"菜单项,如图5-47所示。打开"HDR色调"对话框,如图5-48所示。

图 5-47

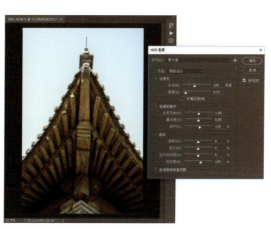

图 5-48

在"HDR 色调"对话框中,对景物表面纹理影响最大的参数是"细节"选项,首先我们尽量提高细节参数,这样景物表面的清晰度就会发生较大变化。在调整人像表面纹理时,细节参数则不宜太高,大多时候设定为 100%~200% 就可以了;而对于建筑类题材,细节参数值则可以提高到 200% 以上,以强化景物表面轮廓和纹理。

细节值变大后,会对主体景物边缘轮廓形成很大干扰,如产生白边、零星的高光溢出等。因此,我们还要适当修改曝光值和高光值,以确保不会损失太多高光细节。调整后的参数和照片效果如图 5-49 所示。

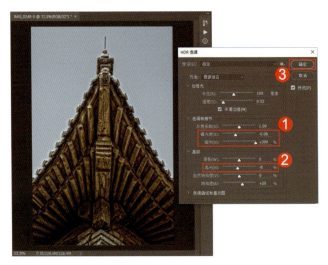

图 5-49

将"HDR 色调"对话框中的参数调整到位后,如果画面没有严重失真,单击"确定"按钮可返回到 Photoshop 主界面。此时观察照片,会发现失真并不是特别严重,但景物边缘部分还是不够自然,有白边现象,需要修复。

我们之前是直接对原照片进行调整,原照片已经发生了变化,无法再追回。这时可以这样处理:按【Ctrl+A】组合键全选,按【Ctrl+C】组合键复制此时的照片画面,如图 5-50 所示;打开"历史记录"面板,单击照片打开的初始状态步骤,如图 5-51 所示;然后按【Ctrl+V】组合键粘贴经过 HDR 调整后的画面,如图 5-52 所示。

图 5-50

图 5-51

图 5-52

粘贴到照片初打开的状态后，会产生两个图层，效果图在上，原照片在下，如图 5-53 所示。这时如果要修复景物的边缘白边，只要在左侧的工具栏中选择橡皮擦工具，将 HDR 色调处理后的效果图的白边擦掉就可以了。

由于进行 HDR 色调处理会对照片天空的色彩产生很大干扰，如果只擦掉白边，那擦掉的部分会露出原照片的天空，这样与处理后照片的天空色彩不一致，会产生色彩断层。所以我们可以直接将处理后照片的整个天空全擦掉，露出原始照片的天空即可，这样擦掉天空后的照片效果如图 5-54 所示。

> **TIPS**
>
> 可能有读者会问，为什么我们不是在打开照片后先复制两个图层出来，对上面的图层进行HDR处理，然后擦拭白边，而是要处理好之后再复制、粘贴呢？其实这很简单，如果我们打开照片后就复制图层，对上面图层进行HDR处理时，要转为32位通道，系统会要求将两个图层合并才能进行操作，也就是说开始复制图层是没有用的。

图 5-53

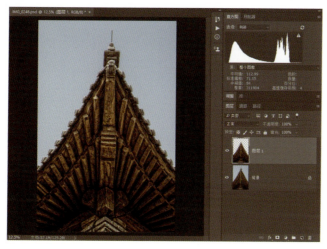

图 5-54

这时照片的质感就变得很强烈了，但发现影调层次却不够理想，太沉闷了。因此我们合并这两个图层，然后创建曲线调整图层，如图 5-55 所示。选中"目标选择和调整工具"项，在建筑物上将需要提亮的位置点住，向上拖动提亮。

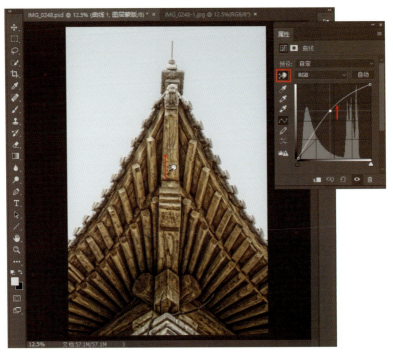

图 5-55

在屋檐下方按住鼠标向下拖动，压暗这部分，如图 5-56 所示；再按住天空部分向下拖动，压暗天空。曲线图与照片效果如图 5-57 所示。

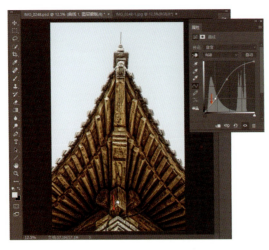

图 5-56

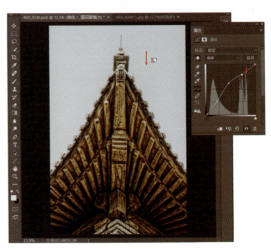

图 5-57

因为我们对照片的影调反差进行了调整，所以画面的色彩饱和度会发生一些变化，需要进行一些适当的调整。创建色相/饱和度调整图层，如图5-58所示。

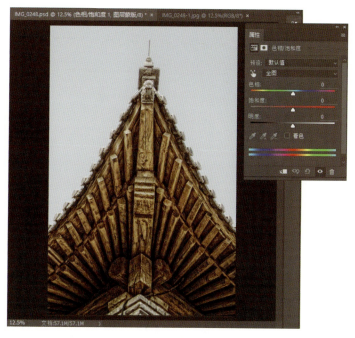

图 5-58

切换到黄色通道，并选择带"+"号的吸管，将屋檐底部的黄色部分都纳入调整范围，然后降低饱和度值，如图5-59所示。

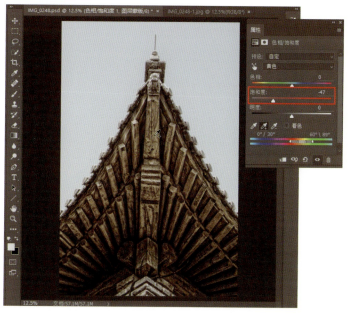

图 5-59

主体屋檐的色彩调整到位后，却发现天空的色彩感太弱，有些过于灰白，因此选择蓝色通道，将天空部分都纳入色彩调整的范围之内，适当提高饱和度，让天空稍微变蓝一些，如图 5-60 所示。需要注意的是，此处的天空蓝色饱和度不宜太高，否则会与屋檐不协调。

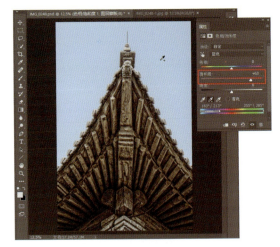

图 5-60

至此，照片就基本调整到位了，但发现不够通透，因此我们创建一个渐变映射调整图层（注意是从纯黑到纯白的渐变），将图层混合模式设为明度，这样照片就变得通透了很多，如图 5-61 所示。

最后，拼合所有图层，并将照片保存即可。另外，我们还可以将照片转为黑白，效果也是不错的。照片调整前后的效果对比如图 5-62 所示。

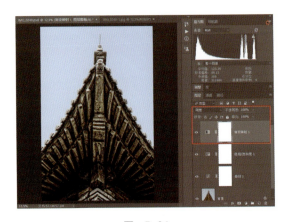

图 5-61

原照片

调整后的照片效果

转为黑白后的照片效果

图 5-62

5.5 "调色+粗颗粒"打造古朴的质感

强化照片的质感,除了可以通过锐度、清晰度以及 HDR 色调中的细节调整等手段进行调整外,还可以通过添加杂色来实现一种粗颗粒的胶片般的质感,尤其是对一些整体上结构比较简单的画面特别有效。下面通过一个案例来学习使用"调色 + 粗颗粒"打造古朴质感画面的思路。

在 Camera Raw 中打开如图 5-63 所示的照片,首先对其影调、色彩等进行处理,以确保照片不会损失太多的暗部和高光细节。

图 5-63

处理后的效果如图 5-64 所示,可以看到,照片的色彩、影调等都不算特别漂亮,但很好地保留了高光和暗部细节。

图 5-64

接着，对照片的明暗、影调层次进行优化，参数设置及照片效果如图 5-65 所示。这里需要注意的是，除了对照片的影调进行修饰外，还进行了调色处理。如何调色的呢？就是让照片往偏黄、偏绿的方向发展。使照片偏黄，是想让照片有一种旧照片的感觉，我们在制作一些怀旧效果的照片时，往往将照片处理成泛黄的效果；让照片偏绿，则使照片呈现一种距离感。也就是说，我们制作出这种黄绿的色调后，会让照片呈现出古朴、遥远的感觉。

图 5-65

接下来，强化景物边缘的轮廓和层次，提高清晰度，参数设置及照片效果如图 5-66 所示。

图 5-66

切换到"细节"面板,设置锐化的"数量"和"半径",对照片进行锐化,如图 5-67 所示。

锐化前后的对比效果如图 5-68 所示,可以看到,锐化后,整体表面的细节更加锐利、丰富。

接下来进行极为重要的一步操作,即为照片添加颗粒,以增强质感。其实,我们在对照片的清晰度及锐度进行调整后,已经强化了照片的质感,但可以进一步强化,这里通过一些滤镜特效来实现。

切换到"效果"面板,在"颗粒"选项组中,我们可以调整所添加颗粒的数量、大小及粗糙度参数。通过调整这 3 个参数的组合,为画面添加了相对比较粗糙的颗粒,这种颗粒可以模仿胶片的质感,无形中增强了画面的质感。

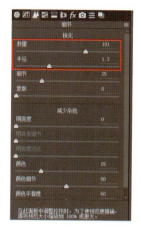

图 5-67

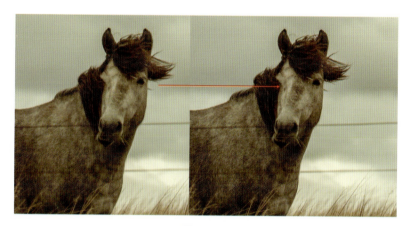

图 5-68

图 5-69

最后,还可以切换到"基本"面板,对照片的整体效果进行微调,让画面更加理想,参数设置及画面效果如图 5-70 所示。

图 5-70

调整完成后,单击"打开图像"按钮,在 Photoshop 中打开照片,如果不需要进行其他处理了,那么直接保存照片即可,如图 5-71 所示。

图 5-71

如果对色调不满意,还可以尝试将照片转化为黑白效果。转化为黑白效果时,应按照之前介绍的相关技巧,通过特定的通道滤镜来进行转换。转换为黑白效果后,画面质感也非常强烈,如图 5-72 所示。

图 5-72

第6章 合成

合成是摄影后期当中非常有意思的一个环节,合成的方式变化多样,合成的效果也令人着迷。

本章将介绍全景合成、HDR 合成、倒影合成、多重曝光合成、风光合成以及人像合成的多种思路和技巧。

6.1 全景

全景照片是以近距离拍摄＋后期接片的方式来获得，这样最终得到的照片，视野开阔，且画面细节丰富。

1.后期思路指导前期拍摄

（1）使用三脚架，让相机同轴转动：左右平移视角连续拍摄多张照片，且要保证所拍摄的这些素材照片在同一水平上，所以使用三脚架辅助就是最好的选择了。在三脚架上固定好相机，松开云台底部的固定按钮，让云台能够转动起来，然后同轴左右转动相机拍摄即可。

（2）选用中长焦端镜头避免透视畸变：使用广角镜头拍摄全景照片，有2-3张即可满足全景接片的要求，这样虽然简单一些，却存在一个致命的缺陷，那就是无论多好的镜头，广角端往往存在畸变，即画面边角会扭曲，多张边角扭曲的素材接在一起，最终的全景效果也不会太好。应该选择畸变较小的中长焦距来拍摄，如果使用中等焦距拍摄，4~8张照片完全可以满足全景接片的要求。

（3）手动曝光保证画面明暗一致：要完成全景照片的创作，要注意不同照片的曝光均匀性，即应该让全景接片所需要的每一张照片有同样的拍摄参数，光圈、快门、感光度等要完全一致，这样最终完成的全景照片才会真实。

（4）充分重叠画面：拍摄全景照的过程中，要注意相邻的素材照片之间应该有15%左右的重叠区域。如果没有重叠区域，后期无法完成接片；如果重叠区域少于15%，那么接片的效果可能会很差，也有可能无法完成。当然，如果重叠区域很大，甚至超过了一半，合成效果也不会好。图6-1展示了一组很好的接片素材图及全景合成后的效果。

图 6-1

2.照片批处理

拍摄好多张全景合成用的素材照片之后，我们可以直接进行合成，合成的平台可以是 Photoshop 软件主界面当中的 Photomerge，也可以是 Camera Raw 增效工具。

如果原始照片不够漂亮，直接合成出来的全景图色彩和影调效果也会比较平淡；如果合成完毕后再对全景图进行调整，那对计算机配置的要求是很高的，因为全景图的尺寸往往很大。所以在本例中，我们在合成之前，先对照片进行适度的色彩及明暗影调优化，这样就可以确保合成后的照片效果也非常漂亮。

对素材进行初步优化，非常重要的一点，是要对所有素材进行统一的、完全相同的处理，这样才能确保素材能够顺利合成。

如图 6-2 所示的是 RAW 格式原片，所以直接选择所有的合成素材，拖入 Photoshop 中，就可以直接在 Camera Raw 工具中打开所有的这些照片，这从左侧的列表中可以看到。

从左侧的照片列表当中，单击选中某一张，对这张照片的色彩、明暗影调进行优化，此时的参数设定及照片效果如图 6-3 所示。这表示已经对选中的那张照片进行了合适的处理。

图 6-2

图 6-3

照片处理完毕后,需要将该照片的处理过程平移到其他照片上,这样才能确保所有素材照片都有相同的色彩和明暗变化,才能确保最终合成的成功率。

我们切换到倒数第二个选项卡,也就是"预设"选项卡,然后单击点开右侧的下拉列表,在其中选择"存储设置"菜单项,操作顺序如图6-4所示。然后按照提示,对照片的处理过程存储为预设,命名为"接片"。

图 6-4

建立好预设之后,在左侧列表当中,按【Ctrl+A】组合键,或者是按住【Ctrl】键分别单击每一张照片,全选中这些照片,然后在右侧切换到"预设"选项卡,在其中单击选中之前建立的"接片"预设,如图6-5所示,这样打开的所有照片就被进行了完全一样的处理。

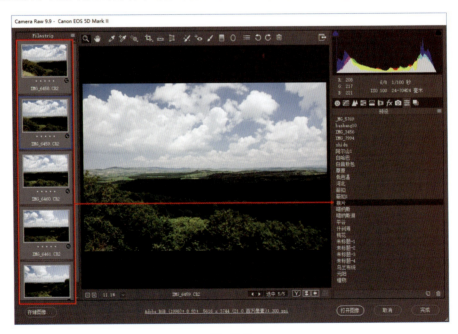

图 6-5

照片批处理完毕后，确保我们依然全选了所有打开的照片，然后单击列表底部的"存储图像"按钮，弹出"存储图像"对话框。在该对话框中，我们可以设定照片存储的位置、格式等选项，根据实际情况进行设定就可以了。而本例中主要设定的是调整图像大小这一项，这里设定为调整照片，让照片的长边为 2500 像素，然后单击"存储"按钮，存储这些照片，如图 6-6 所示。

图 6-6

照片处理并存储后的画面如图 6-7 所示。当然，这只是多张素材照片中的一张而已。

现在想一个问题，我们为什么要将长边压缩到 2500 像素这样一个比较小的尺寸呢？其实答案很简单，如果不压缩尺寸，那接片后的长边可能达到数万像素，这对我们计算机的性能要求太高，可能会出现卡死的情况。所以我们提前将素材设定为一个相对较小的尺寸，确保可以顺利拼接完成。

TIPS

我们还可以先对某一张照片进行优化，然后复制调整过程，再粘贴到其他素材照片上，其效果是完全一样的。

图 6-7

| 第6章 | 合成   159

3.后期接片的操作技巧

其实，在 Camera Raw 工具当中，对照片处理完毕后，完全没有必要保存照片，可以直接进行全景的合成。我们之所以没有那样做，是为了演示一下在 Photoshop 当中，如何来合成全景图。

打开 Photoshop 主界面，选择"文件"|"自动"|"Photomerge"菜单命令，打开"Photomerge"对话框。在左侧的列表中建议选择"自动"选项；然后单击"浏览"按钮，将合成用的素材全部载入进来；接下来，在对话框底部选中"内容识别填充透明区域"复选框；最后，单击"确定"按钮，如图 6-8 所示，这样就开始了全景图的合成。

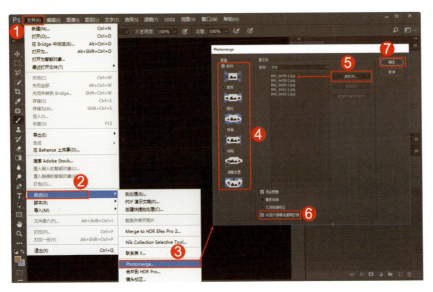

图 6-8

这里，我们需要解释一下，在"Photomerge"对话框当中，不同设定的一些区别和意义。如果我们不选中"内容识别填充透明区域"复选框，那么全景合成之后的效果如图 6-9 所示，像素四周有空白区域，需要我们进行手动的填充，操作比较麻烦，并且效果还不一定好。

图 6-9

选中"内容识别填充透明区域"复选框，在我们完成全景合成后，四周的空白区域会被 Photoshop 软件自动填充，并且效果很理想，如图 6-10 所示。我们所要做的，只是按【Ctrl+D】组合键取消选区就可以了。

图 6-10

在"Photomerge"对话框左侧的版面列表中,我们介绍一下比较常见的球面、圆柱和透视三个选项。

球面和圆柱(分别如图 6-11 和图 6-12 所示):这两个选项是很像的,合成时两端的照片都会被校正透视,这样即便你用广角镜头拍摄全景素材,也能得到很好的合成效果。

所不同的是球面合成时中间的照片也会被校正,这样最终得到的照片要扁一些,而在圆柱合成方式下,中间照片是不会被校正的,最终得到的效果会是稍微好一些。实际使用当中,我们可以随便选择球面和圆柱这两个选项,都能得到很好的全景合成效果。

图 6-11

图 6-12

透视（如图6-13所示）：如果你使用的是广角镜头拍摄全景图，素材照片的边角就会存在透视畸变。而这种透视合成还会强化边缘的透视畸变，这样最终就会出现自身畸变与合成畸变的效果叠加，就可能造成全景合成的失败。

图 6-13

只有我们适当增加拍摄焦距，降低照片自身的透视强度后，才能使用透视的方式进行合成。可以看到，照片的边角出现了明显的透视畸变，是一种强烈的拉伸，类似于超广角的拍摄效果。而合成后照片的中间部分，出现了凹陷，与球面和圆柱的桶形畸变不同，这种类似于枕形畸变。

设定好参数，并开始进行全景合成之后，等一段时间，照片合成完毕。此时我们可以从右下角"图层"面板中看到如图6-14所示的结果，一共会有素材数+1个图层，最上方的图层便是全景合成的效果。

在该界面当中，如果你的后期水平较高，那就可以对不同图层后面对应的蒙版进行一些微调，从而调整全景合成的效果。

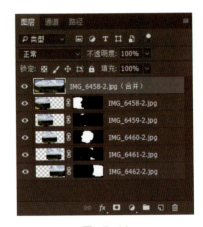

图 6-14

最后，我们拼合图层，将照片保存，照片的最终效果如图6-15所示。

图 6-15

6.2 HDR

人眼具有很大的宽容度和自我调节能力,即使在强光的高反差环境中也能够看清亮处与暗处的细节。相机则不同,即使是最高端的数码单反相机,也无法同时兼顾高反差场景中亮处与暗处的细节。HDR(High-Dynamic Range)即是针对这一现象而设计的,意为高动态光照渲染,是指通过技术手段让画面获得极大的动态范围,将所拍摄画面的高亮和暗部细节都更好地显示出来。

1.直接拍摄出HDR效果的照片

当前许多摄影器材中都内置了HDR功能,设定该功能拍摄时,可通过数码处理补偿明暗差来拍摄具有高动态范围的照片。以佳能 EOS 5D Mark III 为例,设定开启 HDR 功能拍摄照片时可以将曝光不足、标准曝光、曝光过度的 3 张图像在相机内自动合成,获得高光无溢出和暗部不缺少细节的图像。

设定 HDR 功能来控制高反差画面,曝光不足的照片用于显示高亮部位细节,标准曝光用于显示正常亮度的部位,曝光过度的照片用于显示暗部细节。最终这 3 张照片会被自动拼合为一张照片(JPEG 格式),这样照片中就能够同时很好地显示亮部和暗部细节了,如图 6-16 所示。

图 6-16

有些新型的入门级单反相机中,直接设置了一种 HDR 曝光模式,在面对逆光等高反差场景时,用户可直接设定该模式拍摄,获得大动态范围的照片效果。以佳能 EOS 650D 为例,模式拨盘上有 HDR 模式,设定该模式,按下快门后,相机像高速连拍一样曝光 3 次,最终直接合成一张高动态范围照片,追回高光和阴影部分丢失的细节,效果如图 6-17 所示。

图 6-17

2.合成HDR高动态范围画面

当前比较新型的数码单反相机都具有内置的 HDR 功能，或者在模式拨盘上集成了 HDR 的智能场景模式，这样用户可以很轻松地拍摄出一些 HDR 高动态范围画面，获得比较完美的曝光效果。如果你的相机没有 HDR 功能，则可以通过后期软件来进行合成，效果可能会更加理想。

要想进行 HDR 后期合成，需要在拍摄时使用三脚架拍摄三张包围曝光照片。最终合成的时候，软件会采纳基准曝光值画面的天空区域、低曝光值画面的高光区域以及高曝光值画面的背光区域，这样最终合成出一张 HDR 效果照片。

图 6-18 是没有进行曝光补偿的照片，可以称为基准照片。观察发现，远离太阳的天空区域明暗是非常标准的，中间的水面区域明暗也比较合理。

图 6-19 所示为一张低曝光值照片。画面中的高光区域，即太阳周边的明暗是比较合理的。

图 6-18

图 6-19

图 6-20 所示为一张高曝光值照片。游船的背光面曝光比较充足。

图 6-20

要合成 HDR 效果的照片，可以在 Photoshop 主界面中完成，即通过菜单栏"文件"|"自动"菜单项操作，也可以在 Camera Raw 滤镜中进行操作。因为在 Photoshop 主界面中，自动 HDR 合成的色彩及影调都比较难以控制，也不够漂亮，在 Camera Raw 滤镜中合成的 HDR 效果比较真实自然，色调和影调也都比较漂亮。

如果要将单张的 JPEG 照片在 Camera Raw 中打开比较容易，但是我们要进行 HDR 合成，需要同时在 Camera Raw 中打开三张照片，那么应如何操作呢？这时需要提前设定，打开"Camera Raw 首选项"对话框，在"JPEG 和 TIFF 处理"选项组中设置 JPEG 为"自动打开所有受支持的 JPEG"，如图 6-21 所示。

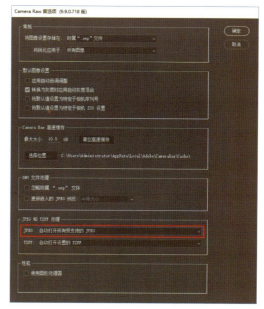

图 6-21

只要将要打开的 JPEG 格式照片拖入 Photoshop 主界面，则会自动在 Camera Raw 中打开。如果同时选中三张照片，并将其拖入 Photoshop 中，那么就会在 Camera Raw 中同时打开三张照片。

将要合成的三张照片在 Camera Raw 中打开后，按【Ctrl+A】组合键同时选中这三张照片，然后在任意一张照片上右击，弹出快捷菜单，选择"合并到 HDR"选项，如图 6-22 所示。

图 6-22

此时会打开"HDR 合并预览"对话框，在该对话框中我们可以对照片合成的效果进行预览和设定，让合成的效果真实、自然。该对话框中有几个非常重要的选项。首先我们应该选中"对齐图像"和"自动色调"这两个复选框，用于确保三张合成用的基本素材是对齐的，并确定在合成时让各部分的色调过渡平滑自然，如图 6-23 所示。

图 6-23

如果拍摄场景中有移动相对缓慢的对象，则可以通过设置"消除重影"进行调整，这个参数包含了关、低、中、高四个选项，主要应对画面中移动物体产生的拖影，对象移动的速度越快，就应该选择级别更高的选项，最终有效地消除移动物体产生的拖影。

"消除重影"这个参数，并不是越高越好，绝大部分情况下，设定为关闭即可，如图 6-24 所示。

图 6-24

选中底部的"显示叠加"复选框，可以看到设定级别为"高"时，显示的叠加区域呈现红色，近景的红色太多，这样无可避免地会有失真的情况发生，如图 6-25 所示。因此，如果不是特殊情况，我们建议还是应该将该参数设定为关闭，最多设定为相对低一些的级别。

图 6-25

本例中，经过对比，最终我们设定"消除重影"为"关"。然后单击右上角的"合并"按钮，弹出"合并结果"对话框，在该对话框中直接单击右下角的"保存"按钮，可以生成一个暂存的 .dng 格式文件，如图 6-26 所示。

图 6-26

合并完成后，会产生一个合成素材之外的新文件。这个新文件会自动在 Camera Raw 中打开，接下来就可以进行更多的调整和优化了。因为初始的 HDR 合成照片效果不够好，所以我们在"基本"选项卡内，对影调进行优化，参数设定及照片效果如图 6-27 所示。

图 6-27

此时观察照片，可以看到画面整体过于柔和，景物轮廓不够明显，因此适当提高清晰度值，强化景物边缘轮廓和线条；适当提高自然饱和度值，让画面的色调更加浓郁，如图 6-28 所示。

图 6-28

接下来切换到"细节"选项卡，进行锐化处理和降噪处理，如图 6-29 所示。所谓降噪处理，是指避免原照片中的暗部噪点过重，适当提高明亮度和颜色值，这样可以消除照片中的单色及彩色噪点。

图 6-29

调整完成后，将照片在 Photoshop 中打开，观察照片可以看到，画面中的水平线有一些倾斜，这时就可以使用"拉直"工具校正水平线。首先，在工具栏中选择"裁剪工具"，然后在上方的选项栏中选择"拉直"工具。

需要注意的是，如果不选中"内容识别"复选框，那么旋转后的空白区域都会被裁剪掉，相当于缩小了构图范围；如果选中了"内容识别"复选框，那么裁剪后，软件会自动填充空白区域，而不会缩小构图范围，因此这里选中"内容识别"复选框。另外，还需要注意，在裁剪时，只有高版本的 Photoshop 选项栏中才具有"内容识别"功能，如 Photoshop CS 系列版本中，选项栏中是不具有"内容识别"功能的。

利用"拉直"工具，按住鼠标左键沿画面中的水平线方向画一条直线，松开鼠标后，画面即可自动进行裁剪，如图 6-30 所示。双击画面即可完成裁剪。

图 6-30

裁剪完成后将照片保存即可。图 6-31 所示为进行 HDR 合成并优化后的照片效果，可以看到，影调和色彩都非常漂亮，尤其是影调，曝光值是非常完美的。

图 6-31

3.随心所欲地手动HDR合成

前面介绍的是软件自动对HDR的效果进行合成,其实,我们还可以手动合成HDR效果,其好处在于我们并不需要在前期拍摄时使用三脚架进行包围曝光,也就是说,对于拍摄位置的要求不需要那么精确。下面介绍手动HDR合成的原理。

将三张不同曝光值的JPEG照片在Photoshop中打开,然后使用工具栏中的移动工具将其他两张照片拖入到第三张照片中,并将三张照片对齐,这样就生成了三个图层,分别为"背景"图层、"图层1"和"图层2",要确保图层由下到上曝光值依次增高,如图6-32所示。

图 6-32

回想前面介绍的知识,如果要保留低曝光值照片中的太阳区域,保留基准曝光值照片中的天空及中间水面区域,保留高曝光值照片中的背光区域,只要将对应图层中不相干的区域擦掉,保留想要的区域,这样三个图层叠加就能得到想要的效果。

在进行叠加时,可以在工具栏中选择"橡皮擦工具"进行擦拭,但那样会破坏不同的图层信息。因此,一般情况下,应分别对"图层1"和"图层2"建立图层蒙版,然后选择"画笔工具"在其上涂抹,涂抹掉不想要的区域,保留想要的区域,这样最终叠加出来的效果就是一种HDR效果,如图6-33所示。

图 6-33

经过画笔的涂抹后，可以在图层蒙版上看到变化，观察照片可以发现，高光、暗部细节都追了回来，整体影调细节比较丰富、完美，如图6-34所示。

图 6-34

接着，合并图层，将照片载入 Camera Raw 滤镜，再对照片进行整体的修饰，让照片变得漂亮起来，如图 6-35 所示。最后，单击"确定"按钮返回 Photoshop。

图 6-35

图 6-36 所示为最终合成的 HDR 效果，这种效果是手动进行合成的，适合对 Photoshop 使用比较熟练的摄影师进行操作。

图 6-36

6.3 倒影

拍摄山景、建筑等题材的摄影作品时，将其与水景结合起来是非常好的选择。因为柔性的水与刚性的山体或是建筑物会形成一种潜在的刚柔对比；并且平静的水面可以形成山体或建筑的倒影，丰富画面的构图内容和影调层次。

有时候前景的水面因为被大风吹皱，无法形成倒影；或者是前景没有水面，自然也就无法产生倒影了。那么我们可以在后期中制作简单的倒影，让平淡的画面与众不同，增加意境。下面我们以一幅山景照片倒影的制作过程为例，介绍一般倒影的制作技巧。在 Photoshop 中打开如图 6-37 所示的照片，图中有倒影，但因为有风，所以倒影并不算特别清晰，本例中我们将尝试制作出一个更完美的倒影。

图　6-37

首先对打开的照片进行初步的调整。可以很清楚地看到照片的水平线是有一定倾斜的，因此我们在工具栏中选择裁剪工具，然后在 Photoshop 顶部的设定栏中选择拉直工具，将照片的水平校正过来，如图 6-38 所示。在工具栏中选择矩形选框工具，选择水面上方的实景部分，如图 6-39 所示。

图　6-38

图　6-39

利用矩形选框工具选中实景部分后,按【Ctrl+C】组合键,复制选区内的部分。然后按【Ctrl+V】组合键粘贴这一部分,即可生成一个新的图层。然后在编辑菜单中选择"变换"菜单项,在子菜单中选择"垂直翻转"菜单项,这样可以将刚粘贴的部分水平翻转过来,移动刚粘贴的图层,使这部分与实景部分形成对称,如图 6-40 所示。

图 6-40

选中新粘贴的图层,适当降低这部分的亮度(这里使用曲线调整的方式进行了处理,当然也可以使用多种其他方法调整)。然后单击 Photoshop 软件右下角的"添加蒙版"按钮,为这个倒影图层添加一个蒙版,如图 6-41 所示。

图 6-41

单击选中蒙版图标,在工具栏中选择渐变工具,前景色为黑、背景色为白,设定线性渐变,适当降低不透明度,制作自山景到倒影中间的线性渐变,如图 6-42 所示。

制作此渐变的作用是使实景与倒影的结合部位过渡平滑一些,不存在违和感。并且这样做的另外一个好处是使结合部位稍亮一些,即倒影部分从上而下会逐渐变暗,这样会让倒影看起来更加真实。

图 6-42

拖动出渐变之后,倒影效果就制作完成了,此时拼合图层,然后将照片保存即可。制作倒影后的照片如图 6-43 所示。观察最终画面,主体景物亮度较高,而倒影部分存在明显的由亮到暗的变化,比较贴近真实场景。

图 6-43

6.4 多重曝光

多重曝光是一种比较有趣的曝光模式，它是通过相机内的曝光控制，将不同的画面通过特定的方式叠加在一起。叠加后可以让画面变得更亮，也可以保持原有亮度，还可以对同一个场景进行拍摄，但拍摄时改变焦点的位置，最终营造出一种柔焦的曝光效果。有关多重曝光的方式还有很多，在拍摄时可以查看自己相机内的多重曝光菜单，使用不同的模式。

其实，借助于后期软件，我们也可以制作出多重曝光效果，并且有时它能够解决前期拍摄时无法解决的问题，比如说，我们拍摄了一张人像，但背景不是很好，想要为这张人像寻找一个漂亮的背景，而在其他地方又拍摄了一张漂亮的照片可以作为人像照片的背景。这样，就可以通过后期软件轻松地制作出完美的多重曝光效果。

看一下图 6-44 和图 6-45 这两张照片，第一张照片是我们想要进行多重曝光合成的主体人物，可以看到照片中的背景和色彩都不是很完美；第二张照片是很好的素材照片，色调和影调都非常漂亮，但缺乏主体对象，那么这两张照片合成在一起是比较理想的。

图 6-44

图 6-45

首先，在 Photoshop 中打开这两张照片，然后使用工具栏中的"移动工具"，按住【Shift】键，将人像照片拖入素材照片中，生成"图层 1"。需要注意的是，如果两张照片的尺寸不同，那么需要选中相应照片对应的图层，选择菜单栏"编辑"中的"自由变换"菜单命令，将两张照片调整为相同尺寸。

选中人像照片所在的"图层 1"，按【Ctrl+J】组合键复制人像照片图层，这样，画面中就有三个图层，分别为"背景"图层和两个完全相同的人像图层，如图 6-46 所示。

图　6-46

在"图层"面板中，单击"图层 1 拷贝"前面的"指示图层可见性"按钮 ，将该图层隐藏。接着，选中"图层 1"，将"设置图层的混合模式"设置为"滤色"。画面发生了很大变化，这两张照片融合在了一起，如图 6-47 所示。至于为什么"滤色"混合模式可以造成这种效果，本书前面的章节中有过详细介绍，这里就不再赘述。

这样，就初步实现了多重曝光的效果。

图　6-47

此时照片是存在一些问题的，即人物的面部还是不够清晰，与背景的融合度过高，应对其进行处理。在"图层"面板中再次单击"图层1拷贝"前面的"指示图层可见性"按钮，将该图层显示出来，并为该图层创建一个图层蒙版。这样人像照片就完全遮住了多重曝光效果。

在工具栏中选择"画笔工具"，设置前景色为黑色，在选项栏中设置合适的画笔大小，适当降低不透明度，然后在画面中人物以外的区域进行擦拭，这样就可以将多重曝光的效果显现出来。效果如图6-48所示。

图　6-48

为了让效果更加自然，双击"图层1拷贝"图层中的蒙版缩览图，即可打开"蒙版"面板，适当提高"羽化"值，使我们涂抹的蒙版边缘更加自然，如图6-49所示。

图　6-49

观察人物发现，人物还是太清晰了，不够真实自然，选中"图层1拷贝"前面的图层缩览图，然后适当降低其"不透明度"，如图6-50所示。

降低不透明度后的效果如图6-51所示，这时可以看到，已经制作出了完美的多重曝光效果，整体是非常漂亮、自然的。最后拼合图像，并将照片保存即可。

图 6-50

图 6-51

总结：
有关多重曝光还是有非常多的方式的，例如，可以连续拍摄一个人物的不同动作状态，最终叠加在同一张照片中，操作也是非常简单，只需按照本节介绍的思路进行操作即可。主要就是利用不同的图层进行叠加，然后涂抹掉不需要的区域，保留只想要的人物，就可以叠加出人物多个不同的动作状态。另外，还有其他的多重曝光方式，只要根据自己的理解来进行图层的叠加和涂抹就可以了。

6.5 合成必修课：素材选取法则

将不同的元素合成到一幅照片内，最重要的一点要求是各不同素材搭配起来要协调，这样才会真实自然。这就要求我们在选择合成素材时，尽量挑选光影、色彩等都比较搭配的类型。通常情况下，合成一幅"没有违和感"的照片，需要考虑以下5点协调性因素。

（1）光影的统一。

是指不同合成素材的受光条件。如果主体人物的受光条件为散射光环境，而背景为直射光环境，那么两者合成就会显得不真实，反之亦然。也就是说合成之前要注意选择同类型光影的素材。同时，也要注意光照强度的问题，正午和早晚的光照存在强度差异，也不适合进行合成。

（2）白平衡（色彩冷暖）的一致。

同样是斜射光照射，但太阳光源与室内的人工光源照射出来的效果是不同的，因为白平衡不同，会导致画面的冷暖产生差异。将这两种光线下的素材合成，是不真实的。这只是一个例子，主要是大家要知道，合成时要注意素材的冷暖协调性。

（3）透视规律要协调。

广角镜头拍摄的素材与长焦镜头拍摄的素材也很难搭配在一起，因为透视不同。广角镜头拍摄的主体更适合与背景清晰，具有画面深度和广度的背景合成；与背景虚化严重模糊的背景合成，往往就很难取得好的效果，反之亦然。

（4）清晰度要合理。

一个非常清晰的主体人物，与另外一个面部显得不是很清晰的人物，能够合成在一起，但画面肯定不会真实，除非是将不够清晰的人物放在背景中。这说明在进行照片合成时，素材之间的清晰度也要协调。

（5）色彩饱和度要协调。

一般情况下，人物素材的饱和度都不会很高，而风光类素材包括花卉等的饱和度都相对偏高，如果要将这两者合成，那么就需要将人物的饱和度提高或是降低风光类素材的饱和度。这说明两个问题：其一，合成时素材之间的饱和度也要协调；其二，饱和度不协调的素材，可以在后期通过饱和度调整将素材调整到比较协调的程度。

6.6 置换天空

风光摄影题材中，有关照片的合成，大多会与天空有关系。因为天空往往是作为背景出现的，既可以交代画面的环境信息，还可以烘托主体景物。如此重要的构图元素，却并不是不可替代，照片中只要主体不变，可能你只要更换一个云层稍微多点的天空背景，那画面表现力就可以提升好几个档次。而实际上因为主体未变，所以更换天空的处理可能并不会影响你想要表现的主题。

1.寻找合成素材

图6-52为想要更换天空的照片原图。我们想要为照片换一个更加漂亮的天空，因此搜集了一些天空的素材。根据原照片的受光情况可以进行初步的判断：挑选的天空素材必须是逆光的；光源必须是位于左侧，位于天空的中间部位是不行的，如果位于右侧，那就需要进行初步的左右翻转才可以使用；光源与地面的夹角不能过大，这点从原图水面的受光与背光状态就可以判断；所更换天空的云层要好看一些。

图 6-52

虽然说风光题材的照片合成是百无禁忌的,但真正为原照片找到合适的素材来进行合成却并不是一件容易的事。本例中,只是简单地更换一个天空,就需要有很多的限制条件。最终我们挑选了图 6-53 所示的天空素材。从图中可以看出光源位置、与地面夹角、光源方向、云层的漂亮程度等都能够满足要求。但画面的色调却与原图差别很大,好在这种色调的差异是可以进行调整和处理的,这远比光源方向、云霞是否漂亮、光源与地面夹角大小的改变等内容要简单。

图 6-53

2.置换天空1

由于原始照片的光源是在右上方向,而天空素材的光源是在左侧,因此需要调整合成素材的几何协调性。打开素材照片,选择"图像"|"图像旋转"|"水平翻转画布"项,如图 6-54 所示。

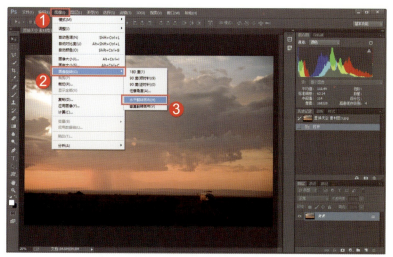

图 6-54

可以发现此时天空素材的光源方向已经变到了右侧,这就与原始照片需要的光源方向一致,如图 6-55 所示。

图 6-55

再观察素材照片与原照片,可以发现素材照片天空部分的层次感稍显偏弱,并且饱和度也比较低,因此打开"亮度/饱和度"对话框,适当提高照片的亮度和对比度。提高亮度与对比度时,可以发现素材的色彩浓郁了很多,即饱和度也会同时变高。

图 6-56

调整完毕后，关闭"亮度/对比度"对话框，即已经准备好了天空素材，然后保存即可。在 Photoshop 中打开原照片与天空素材照片（拖动照片的标题栏可以将照片以窗口化显示，如图 6-57 所示）。

图 6-57

在工具栏中选择"移动工具"，单击按住天空素材照片，保持鼠标不松开，向原照片内拖动，将天空素材照片拖入原照片，如图 6-58 所示。

图 6-58

使用鼠标按住原照片的标题栏向上拖动，到界面工作区边线时松开鼠标，将原照片复位，如图 6-59 所示。

图 6-59

在"编辑"菜单中选择"自由变换"菜单命令，如图 6-60 所示。

图 6-60

调整天空素材的边线，使天空素材的天空部分覆盖住原照片的天空部分，大致效果如图 6-61 所示，然后单击"提交变换"图标 ☑。

图 6-61

单击取消天空素材图层前面的眼睛图标 ◉，隐藏该图层；单击选中背景图层（即原照片图层），在工具栏中选择"快速选择工具"，选出原照片的天空部分，效果如图 6-62 所示。

图 6-62

在使用"快速选择工具"选择天空部分时，有些区域是无法一步选择到位的，如图 6-63 中的区域 3，这没有关系，我们可以通过简单处理，将该区域调整到位。在工具栏中选择"多边形套索工具"，设定从"选区中减去"（此处要选中天空部分，但过多选中了一些远处的山体），然后直接用多边形套索工具选中多选择的山体部分，选中完成后发现，这部分已经从天空选区中减去了，这样天空选区也就调整到位了。

图 6-63

单击"选择"菜单，在弹出的菜单中选择"反向"菜单命令，反选照片，如图 6-64 所示（之前选择的是天空，但我们要保留的是水面部分，反向后即选择了这部分景物）。

图 6-64

在软件界面右下角单击"添加蒙版"按钮，为背景图层添加蒙版，然后拖动交换背景图层与素材图层的位置；单击素材图层前面的眼睛图标，显示该图层；此时可以发现两个图层叠加的效果：天空为素材部分，水面为原照片的部分。效果如图 6-65 所示。

图 6-65

现在有一个非常明显的问题，那就是天空部分与水面部分的色彩不协调。下面进行调整：单击选中"图层"面板中原照片的图标，依次选择"图像"|"调整"|"匹配颜色"菜单命令，如图 6-66 所示。

图　6-66

在打开的"匹配颜色"对话框中，在底部的"源"位置选择将照片匹配到天空素材（即置换天空素材图），此时可以发现水面的色彩发生了变化；然后可以对匹配的明亮度、色彩强度、渐隐程度等进行微调，让匹配效果更理想；最后单击"确定"按钮返回，如图 6-67 所示。

图　6-67

照片整体虽然已经合成完毕，但决定成败的细节仍然没做好。放大照片，观察天空与水面的分界线部分，可以发现这部分过于生硬，显得不够自然。双击蒙版图标，打开"蒙版"对话框，在该对话框中，适当提高羽化值，让过渡稍稍自然些；然后单击"蒙版边缘"按钮，打开"调整蒙版"对话框，如图 6-68 所示。

图　6-68

在"调整蒙版"对话框中，适当调整边缘的"半径值"，可以发现结合部位的过渡变得自然起来了；然后单击"确定"按钮返回，如图 6-69 所示（此处有时还需要调整下方的"移动边缘"一项，用户可以进行尝试）。

图　6-69

第6章 合成 187

合并图层，然后对照片的色彩、饱和度等进行整体调整，如图 6-70 所示。

图 6-70

在"滤镜"菜单中选择"杂色"菜单项，然后在弹出的菜单中选择"添加杂色"菜单命令，打开"添加杂色"对话框，适当添加杂色，然后单击"确定"按钮返回，如图 6-71 所示。此处添加一定的杂色，可以掩盖各素材之间的一些协调性问题，让画面看起来整体性更强。

图 6-71

至此，照片合成完毕，如图 6-72 所示。放大照片，你几乎无法分辨这是原片还是合成片，这就表示合成效果还是不错的，最终将照片保存即可。

图 6-72

3.置换天空2

在上面的案例中,相对来说天空与水面的分界线还是比较简单干净的,即便使用套索工具也很容易勾选出来,然后进行合成。而另外一些时候,景物之间的分界线是非常杂乱的,如本例中的照片,天空与地面的结合部分有很多树木,这样再利用快速选择工具或是套索工具,是无法将树枝等边缘部分都勾选出来的。

面对这种情况,可以利用"色彩范围""魔棒"等工具来选取不同的景物。

打开如图 6-73 所示的照片。如果我们要保留地面部分景物,与其他素材进行合成,那么就应该将这部分勾选出来,难点在于天空分界线附近的树木。

图 6-73

在"选择"菜单中选择"色彩范围"菜单命令,打开"色彩范围"对话框。此时默认选中了吸管工具,适当提高"颜色容差"的值,将变为吸管的光标在天空部分单击,如图 6-74 所示。

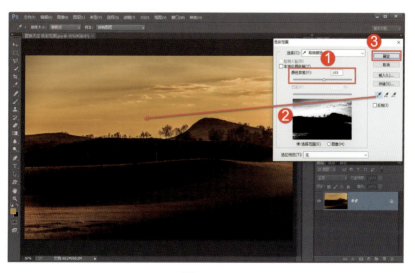

图 6-74

色彩及明暗相差不大的天空大部分被勾选了出来，特别是分界线附近的树木，也被很完整地勾选了出来，这是最重要的，如图 6-75 所示。

图 6-75

与吸管取色位置相差较大的区域，没有被勾选。因此我们使用"多边形套索工具"，选择"添加到选区"，将这部分勾选出来，然后松开鼠标，可以发现这部分被添加到了天空选区当中，天空已经被非常完美地选择了出来，如图 6-76 所示。

图 6-76

底面较亮的部分,由于与之前吸管取色位置相似,因此也被勾选了出来,我们应该取消这部分。选择"多边形套索工具",设定"从选区减去",勾选这部分,如图 6-77 所示。

图 6-77

你会发现底面勾选的多余部分就被取消选区了。由于我们要保留地面部分,因此执行"反向"命令,将地面勾选出来,最终效果如图 6-78 所示。

图 6-78

后续的步骤这里就不再赘述,按照上一个方案介绍的方法进行操作即可。

第八章 风格

照片风格的变化,不单是色彩的变化,还有影调、锐度等多种参数的改变,充分利用这些变化,最终打造出不同感觉的画面风格,令人感受到不一样的情绪和感觉。

这一章我们将介绍当前比较常见和流行的夏日、小清新、LOMO、潮湿、画意等多种风格照片的制作思路和技巧。

你需要注意的是,并不是说我们只能按照一种影调和配色方式制作某种风格,一些照片可能需要多次尝试才能找到符合你品位的风格。我们所介绍的只是一种思路,在掌握了这些思路后,你就可以自行尝试其他影调和配色的程度了。

7.1 夏日

夏天给人的感觉往往是非常明亮、干净的，一般我们拍摄的夏日照片如果能渲染上一些偏冷的色调，就会让人感觉到一种夏日的清凉，照片给人的感觉会比较舒服。

照片中的冷色调往往有蓝色、青色等，但蓝色的明度比较低，如果用蓝色来渲染画面，那么画面给人的感觉往往不够明亮，比较深沉。这样来看，青色比较适合用于渲染夏日清凉的照片风格。

在 Photoshop 中打开图 7-1 所示的这张夏日海滩照片，照片整体的灰雾度比较高，画面不吸引人。

图 7-1

首先对照片的影调层次进行调整，目的是让照片变得明亮、干净起来。具体调整时，首先创建一个"色阶"调整图层，打开其"属性"面板，在该面板中，向左移动"中间调"滑块。这时可以看到画面整体变亮，阴影区域也变得比较明亮，但照片仍然没有产生高光溢出的情况，这是因为我们没有移动"白色"滑块，我们的调整过程相当于重新定义了照片的中间调，将原本较暗的中间调进行了重新定义，可以看到，照片的大部分像素落在了中间调与高光区域，也就是说，照片整体是比较明亮的。这样，就完成了影调的调整。

图 7-2

观察照片可以发现，虽然照片整体比较明亮，但有些明暗的层次却不够明显。因此，创建一个"曲线"调整图层，适当地降低暗部的亮度，然后恢复亮部的正常亮度，此时的曲线调整和照片效果如图7-3所示。这样，就将照片的影调层次调整到既明亮又丰富的状态。

这张照片中暗部给人的感觉并不沉重，这符合夏日风格照片比较轻盈、明亮的感觉。

图 7-3

接下来，切换到"红"通道，我们知道，红色与青色是互补色，只要轻微降低红色，那就相当于增加了青色。调整后的曲线及画面效果如图7-4所示，可以看到，夏日的感觉已经很明显了。我们知道夏日的光线是比较明亮的，因此还可以在曲线中轻微提高RGB复合通道中的亮度值，让照片更加明亮。

图 7-4

最后，观察画面，由于提高了整个画面的亮度，因此，画面整体的色调感变弱，可以创建一个"色相/饱和度"调整图层，轻微提高全图的"饱和度"，这样，照片整体的色彩感会更加浓郁。调整后的效果如图 7-5 所示。

图　7-5

这样，照片就调整完成了。最后，拼合图像，将照片保存即可。最终的画面效果如图 7-6 所示。

图　7-6

另外，在保存照片之前，也可以尝试将这个调整过程复制到另一张照片中。打开图 7-7 这张夏日拍摄的照片，画面中光线比较强烈，但整体影调太过平淡，如果能够处理为夏日的照片效果，那么照片可能更具有感染力。

图 7-7

在 Photoshop 中同时打开上面案例和本案例的两张照片，首先切换到海滩的照片，如图 7-8 所示，可以在"图层"面板中看到"背景"图层和三个调整图层。

图 7-8

接下来，按住【Ctrl】键分别单击这三个调整图层，将这三个图层全部选中，然后按住鼠标左键不放，向本案例中的上海外滩照片中拖动，当照片边缘出现明显的闪烁时，就表示我们已经将这三个调整图层拖入该照片中，如图 7-9 所示。此时松开鼠标左键即可。

图 7-9

切换到外滩照片，可以看到三个调整图层已经拖入到照片中，照片整体的色调及影调都发生了明显的变化，照片就变为了夏日风格，如图 7-10 所示。

图 7-10

由于照片的整体影调相对来说还是比较沉闷的，给人比较沉重的感觉，因此我们可以继续进行微调。在"图层"面板中双击"色阶 1"调整图层前面的缩览图，打开"属性"面板，继续向左调整"中间调"滑块，使照片整体的影调更加明亮，如图 7-11 所示。这样，照片给人的感觉会更加轻盈、明亮。

图 7-11

调整完成后,拼合图像,将照片保存。可以看到,外滩照片已经变为一幅非常漂亮的夏日风格画面,如图 7-12 所示。

图 7-12

总结:

对于在夏日拍摄的阳光比较明媚的照片,都可以将其转变为夏日风格。这种风格的调整要点在确保不会有高光溢出的前提下,整体提亮照片,然后通过滑动"色阶"调整中的"中间调"滑块来实现。将影调调整得比较明亮之后,在"曲线"调整中降低红色,也就相当于增加了青色,让照片泛着淡淡的青色,给人一种夏日清爽的感觉。

可能有许多初学者会有一个疑问,为什么不尝试其他颜色呢?那是因为照片要呈现出夏日清凉的感觉,可供选择的颜色只有绿色、蓝色和青色,蓝色比较沉重,绿色亮度不够,而青色与蓝色的天空相近,蓝色的天空稍稍曝光过度时,会呈现出青色的效果,这与夏日明亮的效果是相符的。另外,青色本身就是明度比较高的一种色调,将照片渲染为青色,可以强化夏日那种明亮的效果。

7.2 小清新

人像摄影中的小清新写真是当前比较流行的一种人像写真风格。小清新风格的照片往往整体影调层次比较明亮，没有或少有非常沉重的暗部像素。另外，照片整体的色彩比较淡雅，给人一种清爽、干净的感觉。从这个角度来说，要处理小清新风格的照片是很简单的，只要依照夏日风格的前半部分步骤进行处理就可以了。

下面来看具体案例，打开图 7-13 所示的原始照片。

创建"色阶"调整图层，向左移动"中间调"滑块，让照片整体的影调变明亮；然后创建"曲线"调整图层，适当追回一些被弱化的明暗对比，强调一下明暗层次的对比。这样，小清新风格就制作出来了，整个过程是非常简单、快速的。调整过程与照片效果如图 7-14 所示。

图 7-13

图 7-14

我们将介绍一种非常好用的修片思路，那就是我们将照片的中间调提亮，弥补从高光到暗部影调过度不够平滑的问题。也就是说，我们修片之前先要做的是将照片的中间调选择出来。将照片导入Photoshop，在"选择"菜单中选择"色彩范围"命令，打开"色彩范围"对话框，如图7-15所示。

打开"色彩范围"对话框后，在"选择"后的下拉列表中，默认选中的是"取样颜色"，这时如果我们用鼠标单击照片，那么与所选点色彩和明暗相近的区域都会呈现出白色，这也表示这些区域即将被我们选择出来。而调整颜色容差和范围参数，则可以扩大或是缩小我们所选范围的大小。

图 7-15

从本例的要求来说，我们要选的是中间调，因此可以使用更为精确的中间调工具。在"选择"后的下拉列表中选择"中间调"，这时可以看到下方的范围渐变条上出现了黑色和白色两个滑块，这两个滑块中间的区域即中间调。当然，这个中间调也是可以调整的，比如，我们是倾向于限定偏暗一些还是偏亮一些的中间调。本例中，我们在拖动滑块确定中间调时，要确保让照片中人物面部高光和阴影部分交界的区域变白（即被选中部分），如图7-16所示。也就是说，我们不选暗部，也不选亮部，而是选中间调部分。至于颜色容差，则没必要改变。最后单击"确定"按钮完成操作。

图 7-16

确定操作后，会返回到 Photoshop 主界面，这时可以发现照片的中间调部分都被建立了选区，即被勾选了出来，如图 7-17 所示。

图 7-17

建立选区之后，在 Photoshop 主界面的右下角单击第 4 个图标，也就是"创建新的调整或填充图层"按钮，在弹出的菜单中选择"曲线"选项，创建曲线调整。此时会产生新的曲线调整蒙版图层，打开曲线调整对话框，如图 7-18 所示。这样创建曲线调整的好处很多，本例最后我们再进行介绍。

在打开的曲线调整图层中，向上拖动曲线，调亮我们建立的选区部分，可以看到我们选中的中间调部分变得很亮，甚至比原本的受光部分都亮，严重失真了。但这没有关系，我们还会有后续的调整来解决这个问题。

图 7-18

在调整图层窗口当中,单击"蒙版"属性图标,或是在"图层"面板中双击蒙版图标,都可以进入到蒙版属性调整界面。在该界面当中,只要提高羽化值,就可以对之前选区内的调整效果进行羽化,让边缘部分过渡自然起来。此时的调整过程及照片画面如图 7-19 所示。

最后,单击调整窗口右上角的"×"按钮,关闭该面板即可。

图 7-19

> **TIPS**
>
> 如果你对处理效果不满意,还可以随时双击曲线图标,对之前调整的曲线进行再次的微调,让人物面部的明暗再次发生变化;还可以双击蒙版图标,再次改变羽化值。此外,我们只要隐藏曲线调整蒙版图层(单击取消图层前的小眼睛图标),就可以看到原始照片其实并没有被破坏。这样,相信你也明白我们创建曲线调整图层的好处了,即我们的调整不会破坏原始照片,另外,调整完成后,还可以随时返回到调整界面随时进行微调。

图 7-20 为调整完毕并保存后的照片效果。

图 7-20

很多时候，我们看到小清新照片表面像蒙上了一层朦胧的薄雾，并且这些薄雾会偏淡淡的黄色或青色，这是人为制作的效果。制作这种效果非常简单，将小清新照片的影调层次调整完成后，只要创建一个"颜色填充"调整图层，然后在打开的"拾色器（纯色）"对话框中选择一种淡青或淡黄色即可，如图 7-21 所示。之所以选择淡青色或淡黄色，是因为青色和黄色的明度是最高的，它们不会让照片色彩变沉重。

图　7-21

创建"颜色填充"调整图层后，选择"渐变工具"，将前景色设置为黑色，将背景色设置为白色，然后在选项栏中选择合适的渐变方式，在照片中拖动，将人物还原出来，如图 7-22 所示。

图　7-22

为了避免我们填充的颜色对人物面部造成太大影响，可以稍稍降低该图层的"不透明度"，让照片显得朦胧一些，并且人物的面部不会出现太过严重的偏色，如图 7-23 所示。这样，就调出了一张非常漂亮的小清新照片，如图 7-24 所示。

图 7-23

图 7-24

同样，如果我们要改变照片的颜色，只要双击"颜色填充 1"调整图层前面的缩览图，如图 7-25 所示，即可再次打开"拾色器（纯色）"对话框，然后重新选择一种明度比较高的颜色，就可以为照片覆盖一种其他颜色的薄雾。如图 7-26 所示，这种照片效果也是非常理想的。

图 7-25

图 7-26

7.3 LOMO

LOMO 是模仿胶片相机的照片风格，这种照片往往带有浓浓的红黄色，给画面一种怀旧的感觉。此外，LOMO 风格的照片往往还有一些不规则的暗角，给人与众不同的感觉。下面介绍 LOMO 风格照片的制作。

打开图 7-27 所示的这张照片，可以看到，画面的景物与人物搭配并不算特别理想，左侧的景物稍显凌乱，LOMO 风格的暗角可以稍微降低一下左侧树枝的干扰。

首先，为照片创建一个"颜色填充"调整图层，在打开的"拾色器（纯色）"对话框中，选择一种接近于红黄相混合的色彩。在寻找颜色时，可以拖动颜色条滑块，找到大致的颜色范围，然后选择具体的颜色。设置完成后，单击"确定"按钮，完成颜色的填充，如图 7-28 所示。

图 7-27

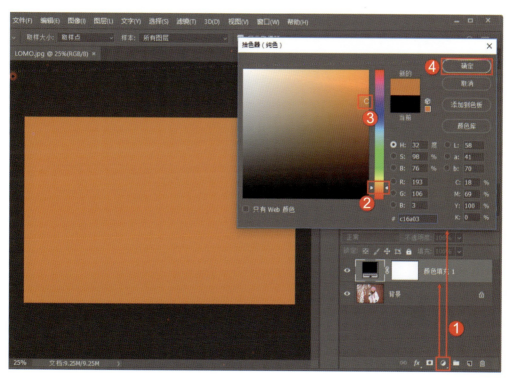

图 7-28

填充颜色后，画面是不透明的，这时可以将"颜色填充"图层的图层混合模式设置为"排除"，然后降低"不透明度"为40%～50%，这样做的好处是既让照片渲染上了红黄色，又保证照片不会严重失真，依然保留了很好的色彩层次，如图7-29所示。

图　7-29

下面为照片制作暗角。制作暗角有多种方法，这里介绍一种比较快捷、方便的思路。在工具栏中选择"套索工具"，将人物不规则地勾选出来，需要注意的是，勾选时不要太过规则，以避免不够自然，如图7-30所示。

图　7-30

此时勾选出来的是人物区域，但我们要制作暗角的是选区外的区域，选择菜单栏"选择"中的"反选"菜单命令，将选区反向，如图 7-31 所示。

图　7-31

接着，创建"曲线"调整图层，降低高光，尽量压暗，这时可以看到画面中出现了暗角；然后降低曲线的中间调，这样可以让暗角的影调层次过渡更加自然。此时的曲线调整及画面效果如图 7-32 所示。

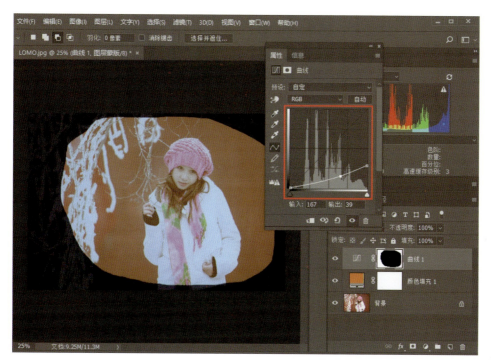

图　7-32

由于我们制作的暗角不够自然，分界线太过生硬，因此双击"曲线1"图层中的蒙版，打开"属性"面板，提高"羽化"值，让蒙版边缘过渡平滑起来。这样，制作出的效果就比较自然了，如图7-33所示。

观察照片，发现画面整体还是灰蒙蒙的，影调层次比较模糊。因此，再次创建"曲线"调整图层，轻微地压暗暗部，并将亮部拉回原始状态。这样，照片的影调层次就丰富起来。曲线调整及画面效果如图7-34所示。

图 7-33

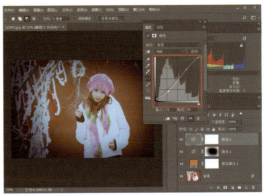
图 7-34

至此，照片就调整完成了，制作出了一幅漂亮的LOMO风格照片，如图7-35所示。

图 7-35

其实，对处理后的效果，还可以继续进行深度处理，例如，可以将其载入 Camera Raw 滤镜，为照片添加一些杂色和颗粒，增强照片的质感，照片可能会更具特色。

当然，我们也可以在 Photoshop 中进行处理，处理前，应拼合图层。在菜单栏中依次选择"滤镜"|"杂色"|"添加杂色"菜单命令，打开"添加杂色"对话框，选中"平均分布"单选按钮，选中"单色"复选框，然后适当提高"数量"，最后单击"确定"按钮，如图 7-36 所示。

图 7-36

此时可以看到照片中已经出现很多的颗粒，呈现出胶片的质感，如图 7-37 所示。

图 7-37

7.4 潮湿

所谓潮湿风格，是指画面的色彩及影调比较油润，有雨后湿润的感觉，或是景物表面挂了一层油，显得平滑细腻。一般情况下，直接拍摄照片的油润感是通过光圈控制和镜头性能产生的。在后期调色中，我们也可以通过一些特殊的手段，制作出这种油润的效果。下面介绍一种将照片变为油润效果非常简单的处理思路，只要记住这种简单的思路，就可以将一般的照片处理得更加油润。

图 7-38

打开图 7-38 所示的照片，可以看到，虽然是散射光下拍摄的照片，但仍然显得不够油润，有些发干的感觉。

在 Photoshop 中打开照片后，按两次【Ctrl+J】组合键，复制两个"背景"图层，此时的"图层"面板及照片效果如图 7-39 所示。

单击最上方的"图层1拷贝"图层前面的"指示图层可见性"按钮，将该图层隐藏，然后选中"图层1"图层，并将该图层的混合模式设置为"正片叠底"，再将该图层的"不透明度"降低到25%左右。调整的过程及效果如图 7-40 所示。

再次单击"图层1拷贝"图层前面的"指示图层可见性"按钮，将该图层显示出来，并选中该图层，将图层混合模式设置为"柔光"，降低"不透明度"为40%左右。此时的"图层"面板及调整效果如图 7-41 所示。

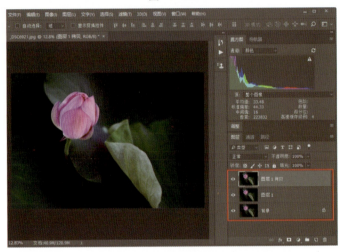

图 7-39

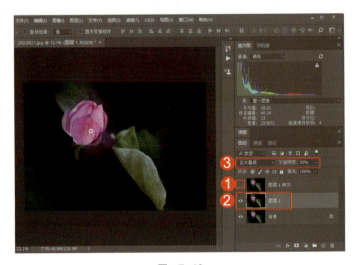

图 7-40

图 7-41

至此，照片就处理完成了。从照片中可以看到，色彩变得比较浓郁，即比较油润，不再有发干的感觉，并且对照片的整体色彩和影调没有太大的破坏，如图7-42所示。

图 7-42

总结：
将照片处理为油润效果的过程相对来说非常简单，虽然最终的效果并不是特别令人满意，但这种方式最大的好处是非常简单、方便、快捷，而不是通过多个图层的反复叠加和处理，才能处理出相应的效果。

7.5 画意

打开图7-43所示的照片。可以看到这是一张日落时分霞浦赶海的照片,色彩非常浓郁,画面漂亮。而我们的目的则是要转换一种思路,将照片制作为淡雅色调效果。

下面来看具体的制作思路和方法。

图 7-43

制作淡雅色调,开始的时候先不要进行调色处理,首先应该降低照片各区域的反差,让明暗层次变得平和、柔滑。

在"图层"面板底部单击"创建新的填充或调整图层"按钮,选择"曲线"创建曲线调整图层,此时可以打开曲线调整面板。

选择"目标选择与调整工具",将光标移动到暗部位置向上拖动进行提亮,这样其他部分也会受到影响而变亮;再将光标移动到高光位置,适当向下拖动恢复。照片调整的过程和调整后的照片效果如图7-44所示。

图 7-44

照片明暗层次大致调整到位后，发现本照片主要的色调是红色，因此我们创建色相/饱和度调整图层，切换到红色通道。利用带"+"号的吸管工具在不同的红色位置上单击取色，将这些不同的色彩都纳入调色范围；适当降低这些区域的饱和度，同时适当提高明度，此时照片的调整过程及调色后的效果如图 7-45 所示。

图　7-45

接下来，针对其他的色调进行处理。远处背景是蓝色调的，因此我们切换到蓝色通道，利用带"+"号的吸管工具在不同的蓝色位置单击，将多种不同的蓝色都纳入调色范围。适当降低饱和度，并提高明度，蓝色的调色过程与照片效果如图 7-46 所示。

图　7-46

照片中大片的红色和蓝色调整到位后，再观察画面，查找一些其他的杂色。本例中可以看到，照片左侧和右侧是偏洋红的，虽然并不严重，但影响到照片效果。因此我们切换到洋红色通道，利用带"+"号的吸管在不同的洋红位置单击，将这些不同深浅的洋红色都纳入调色范围。降低洋红的饱和度并适当提高明度，调整过程及照片效果如图 7-47 所示。

图 7-47

通过以上操作,我们对照片各区域的不同色调进行了调整,现在照片画面的色调整体上比较淡雅,并且变得很协调了。

风光题材的淡雅画意效果,适当偏绿色会更漂亮,因此我们创建一个曲线调整图层,切换到绿色曲线,适当提高绿色,降低红色,让照片整体偏一些青色和绿色,曲线形状和照片效果如图 7-48 所示。

图 7-48

这样,照片所有的调色过程就处理完毕。观察发现画面还有些沉闷,因此切换到 RGB 复合通道,适当向上拖动曲线,提亮照片画面,曲线形状和画面效果如图 7-49 所示。

图 7-49

最后，我们创建渐变映射调整图层，设定从黑到白的渐变形式，最后将这个渐变映射调整图层的混合模式设定为明度，这样可以增加照片的通透度。要注意，过于强烈的通透度会削弱照片的画意效果，因此我们可以适当降低一下这个渐变映射调整图层的不透明度，如图 7-50 所示。

图 7-50

照片处理完毕后，拼合图层并保存。照片处理后的效果如图 7-51 所示。

图 7-51

7.6 复古

本案例中,我们将通过一张风光照片的制作,学习复古色调的制作技巧。

打开图 7-52 所示的照片,这是 2007 年 5 月初拍摄的内蒙古草原,冰雪消融后,大部分地区已经春暖花开,北方的草原依然没有绚烂的色彩,但伸着懒腰的一匹马及温暖的阳光分明已奏响了春天的序曲。

照片的问题在于画面的色彩稍显平淡,可以将其制作为复古色调,强化那种怀旧的效果。

图 7-52

创建色相/饱和度调整图层,向左拖动饱和度滑块,降低照片整体的饱和度,弱化色彩带来的干扰,如图 7-53 所示。

图 7-53

全图降低色彩感后，景物之间的主次关系依然不够明确，比如说蓝色天空对于地面景物依然存在很强的干扰。

因此我们切换到蓝色或是青色通道，选择带"+"号的吸管，分别在蓝色天空的不同部分单击取色，将天空的绝大部分纳入到调色范围，而地面的景物则不会受影响。确定对蓝色天空的调色范围后，降低饱和度，适当降低明度，这样可以弱化天空的干扰，此时的色相/饱和度面板与照片效果如图7-54所示。

图 7-54

天空色彩调整到位后，再切换到黄色通道，依然是选中带"+"号的吸管，分别在地面枯草和裸露的土地部分单击取色，将这两部分纳入调色范围，然后降低地面景物的饱和度和明度，此时的"色相/饱和度"面板及照片效果如图7-55所示。

这样，你就会发现天空及地面的色彩感就变得很弱了，不再对主体的马产生强烈的干扰。

图 7-55

此时马匹的饱和度较高，而周边环境的饱和度很低，我们接下来要适当降低马匹的饱和度。为什么要这样做呢？很简单，画面的色调还是应该协调起来，否则马匹过高的饱和度与环境对比会显得太假，不够自然。

因此我们切换到红色通道，使用吸管在马匹身上单击取色，确定调色范围，然后降低饱和度和明度，此时的面板及画面效果如图 7-56 所示。

图　7-56

这样照片的低饱和度效果就制作好了。为了避免照片色彩饱和度过低而无法吸引欣赏者的注意力，我们再创建一个色相/饱和度调整图层，选中"着色"复选框，为照片渲染绿—青—蓝附近的混合色调，如图 7-57 所示。

图　7-57

此时照片变为了纯色的青色，显然不是我们想要的结果，因此我们要降低最后创建的色相/饱和度，调整图层的不透明度，只让照片微微呈现复古的色调就可以了，如图 7-58 所示。

图 7-58

照片所有的调色工作都完成后，发现此时整体灰蒙蒙的，灰雾度太高。因此我们创建一个曲线调整图层，裁掉高光空白的部分，再对整体的影调层次进行轻微调整，这样照片的明暗影调就会丰富起来，面板及照片效果如图 7-59 所示。

图 7-59

创建渐变映射调整图层，依然设定从黑到白的渐变（这里我们省略了中间操作过程，如果读者还是不明白，那就回到前一个案例学习），最后将图层混合模式改为明度，这样照片就会变的通透起来，如图 7-60 所示。

图 7-60

照片整体处理完成后，合并图层并保存。照片调整后的效果如图 7-61 所示。

图 7-61

总结：

整体来看，照片复古色调的处理思路是这样的：①降低全图饱和度，再分别对过于强烈的一些色彩进行单独的调整，主要是降低饱和度和明度，最终让全图的色彩协调一致；②为照片渲染一种复古的绿—青—蓝色调，确保照片可以吸引欣赏者的注意力，并强化一种年代感。

第 8 章 创意：滤镜特效

本章我们将介绍利用 Photoshop 内的滤镜工具，制作一些比较特殊的照片效果。有关照片的特效是非常多的，这里我们主要挑选了比较常见的缩微模型、浅景深、小行星、光雾、变焦及素描等特效制作进行详细介绍。

8.1 缩微模型

类似于城市街道、行人、汽车等照片画面，往往会比较杂乱，并且因为司空见惯，所以大家可能并不喜欢。而我们又经常见到一些这类的照片画面，只有中间很窄的一片区域是清晰的，上下都是模糊的，这是模仿了移轴镜头的拍摄效果，强调了画面的局部区域，从而让画面整体显得干净简洁，并且主题鲜明。这种处理方法经常会出现在从高处俯拍的城市街道或是建筑景观当中。

图 8-1 是打开的原始照片。

图 8-1

图 8-2 显示的是我们制作好的模型效果。

图 8-2

打开 Photoshop，并打开要处理的照片。

观察照片可以发现，其实画面本身已经很漂亮了，但在这里我们要追求一种与众不同的效果，针对这种俯拍的城市景观，可以尝试模仿移轴镜头的效果。

在 Photoshop 的"滤镜"菜单中选择"模糊画廊"菜单命令，然后在打开的子菜单中选择"移轴模糊"菜单命令，如图 8-3 所示。（不同版本的 Photoshop 中，该菜单的显示会有差别，本图片是针对 Photoshop CC 2017 的截图。）

图 8-3

此时可以打开移轴模糊的处理界面，照片中间的位置默认已经加入了移轴模糊的参考线，如图 8-4 所示。

两条实线中间为清晰的部分；两条虚线之外的部分为模糊部分；而虚线与实线之间则为过渡地带，确保由清晰到模糊的过渡效果比较真实自然。

图 8-4

在右侧的工具调整区域内，拖动所展开的倾斜偏移下的参数，调整虚化强度的高低。本例中，我们将模糊的数值向右拖动，调整为了156像素，那此时从工作区的照片看到，实线之外虚化的程度变得很高，如图8-5所示。

TIPS

光标放在中间的圆环上拖动，可以直接改变参数值。

图 8-5

单击点住中间的圆点，可以上下拖动清晰区域的位置。当然，我们也可以将光标放在照片中间的实线上，待变为可移动的指示（双向箭头）后，按住鼠标向上或向下拖动，改变中间清晰区域的位置。中间的两条实线位置都可以调整，结合起来拖动，可以改变中间清晰区域的大小和位置，如图8-6所示。

本例当中，我们要确保建筑上方最干净、精彩的部分是清晰的。

图 8-6

实线中间清晰的范围及位置确定之后，我们就要考虑调整实线之外、虚线之内的过渡部分的效果了。通常情况下，距离越大，过渡效果越自然，但如果距离过大，也会造成缩微模型效果不够好的问题。因此，我们将光标移动到虚线上调整时，应该尝试多个位置，力争找到效果更好的位置和角度。

其实我们可以根据照片的具体情况，自由决定上下两条虚线的位置，而不是必须要对称放置，如图 8-7 所示。

图 8-7

线条调整到位后，我们还可以将光标放在中间的圆心上，待变为可移动的光标后，按住上下拖动，继续微调缩微模型的效果，找到一个最佳的角度和位置，如图 8-8 所示。

图 8-8

照片处理到位后，我们最后来看下调整工具中的另外几个参数，如图8-9所示。

"扭曲度"这个参数，在制作缩微模型效果时，没有必要调整，一般是在制作浅景深效果时使用。相应地，下面的对称扭曲参数也就没必要选中。

"效果"当中的"光源数量"和"散景颜色"这两个参数，用于调整模糊区域内光源的模糊程度和亮度，有时可以让虚化效果更像是相机直接拍摄出来的效果。用户可以尝试调整这两个参数的组合，让模糊效果更真实一些；底部的"光照范围"参数，主要用于限定模糊区域内亮点的亮度，一般与上面的"光源数量"和"散景颜色"这两个参数组合使用。

本例当中，实际上我们没必要调整扭曲度及散景等参数，而是直接单击"确定"按钮完成效果的初步制作就可以了。

图 8-9

图8-10是我们初步制作好的模型效果。之所以说是初步，是因为我们观察清晰区域可以发现，中间部分的几座高楼顶部也被模糊掉了，如果是清晰的，效果会更好。

图 8-10

因为我们在处理之前没有通过复制来备份图层，也就是没有保留照片的原始状态，那怎样将被模糊掉的楼顶部分还原出来？

我们之前已经介绍过，可以按【Ctrl+A】组合键，全选当前的照片；然后在历史记录里面，找到照片初打开还没有制作所谓模型时的状态，单击选中当时的历史记录条目，按【Ctrl+V】组合键将处理后的效果粘贴到处理前的照片上；这样，在"图层"面板当中就可以看到两个图层，背景图层为照片原始状态，新贴上的图层1则为处理后的效果，如图8-11所示。

那接下来的任务就非常简单了：我们只要在工具栏中选择橡皮擦工具，然后在顶部的选项栏当中改变画笔笔触的大小和柔软度，擦掉被模糊掉的楼顶部分，露出来的会是背景图层当中没有模糊的部分。两个图层叠加，得到了我们想要的效果。

图 8-11

TIPS

当前，比较新型的数码单反相机中，在润饰菜单中有缩微模型滤镜，可以在相机内实现这种模拟效果。例如，在尼康的D7100等机型中，即可直接使用这种滤镜来进行模拟。

8.2 浅景深的虚化效果

利用 Photoshop 软件中的各种模糊滤镜，可以模仿和制作出多种浅景深的虚化效果。下面我们通过两个案例，来介绍浅景深制作的一般思路。

1.线性模糊

之前我们制作缩微模型效果时，使用的移轴模糊本质上是一种线性的模糊，这在拍摄一些线条状的场景时，可以制作出很真实的大光圈浅景深效果。

打开图 8-12 所示的原始照片，可以看到大片的郁金香花田，遗憾的是光圈并不协调，远景与近景的虚化效果不够，花朵轮廓线条与色彩对清晰的紫色郁金香花形成了很大干扰，如果能够进行一定的虚化，效果可能会好一些。

我们依照之前介绍的方法，在 Photoshop 的"滤镜"菜单中选择"模糊画廊"，然后在打开的子菜单中选择"移轴模糊"菜单命令，进入模糊处理界面。

图 8-12

第一步操作很简单，提高模糊数值，模糊掉前景与背景，如图 8-13 所示。接下来，移动双实线中间的区域，让这部分清晰区域落在紫色的郁金香上；然后调整两侧虚线的位置，让过渡变得自然一些。

图 8-13

在制作缩微模型时，我们曾介绍过没有必要改变扭曲度参数。但在制作这种浅景深效果时，我们可以向左或向右移动扭曲度参数值，让模糊区域产生一定的几何扭曲，这会让照片的浅景深效果更加自然一些，如图 8-14 所示。

如果选中"对称扭曲"复选框，那虚化区域会以竖直中线为对称中线，呈现出对称的扭曲。

对于扭曲度参数的调整，如果我们向左拖动滑块，那么扭曲会是向内的，如果向右拖动滑块，那么扭曲会是向外侧的。根据本例的实际情况，应该是向内扭曲比较好，因此在上面的参数调整中，我们是向左拖动滑块，将扭曲度调为了 -35%。

制作好模糊效果后，你会发现一些比较清晰的紫色花朵被模糊掉了，这既不符合视觉效果的美观，也不符合实际自然规律，所以我们按照 8.1 节介绍的方法，将紫色花朵擦拭出来，如图 8-15 所示。

图 8-14　　　　　　　　　　　图 8-15

照片调整完毕后，将两个图层拼合起来并保存，最终效果如图 8-16 所示。

图 8-16

2.光圈模糊

如果是线条状的对象，使用移轴模糊这种线性模糊工具，可以制作出比较好的浅景深效果。但对于另外像花朵这类局域性的主体对象，要制作浅景深效果，那线性模糊工具就不合适了。这时使用 Photoshop 当中的光圈模糊滤镜，就可以制作出很好的效果。

图 8-17 所示的照片，背景虚化效果已经很强了，但由于背景与主体的距离过近，所以显得杂乱。

图 8-17

在 Photoshop 中打开照片，在"滤镜"菜单中选择"模糊画廊"，在其中选择"光圈模糊"命令，载入光圈模糊调整界面。载入后发现已经直接生成了一个光圈模糊的初步调整，如图 8-18 所示。这时我们可以尽量提高模糊的数值，让背景进一步虚化。

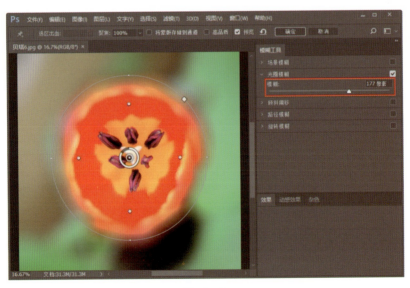

图 8-18

经过初步的自动处理，模糊的边缘是自动的，限定的区域不够准确。从图上看，已经将花瓣边缘也模糊掉了，效果不够理想。

这时我们将光标移动到限定圆圈内的几个标志点上，按住向外拖动，可以将模糊的区域向外扩展一些。此外还应该将光标放在限定的圆圈上，向外拖动，避免将花瓣也模糊掉，如图 8-19 所示。

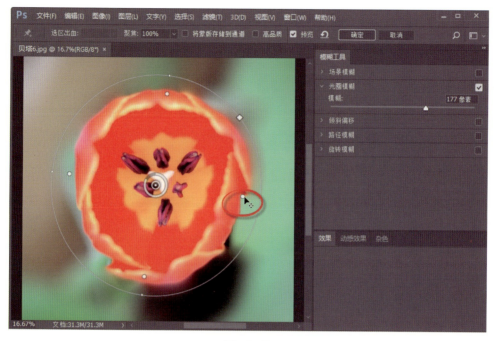

图 8-19

将照片调整到位后并保存，如图 8-20 所示，整个过程非常简单。

TIPS

模糊的区域被限定在一个可变为圆形或椭圆形的区域内，因为要兼顾线条的平滑性，所以无法精准地沿着主体边缘进行调整，这样可能会有些局部处理的效果不够理想。我们也可以按照之前介绍的思路，复制处理后的效果，粘贴到照片初始状态，形成两个图层，使用橡皮擦工具擦拭，让最终的处理效果更加自然一些，这在前面的几个案例中介绍过了，这里就不再赘述。

图 8-20

8.3 小行星的视角

360°小行星特效是指一种模仿鱼眼超大视角的夸张效果。其实，即便是鱼眼镜头，也达不到360°小行星的视角，这种特效主要是用后期软件，对照片进行拉伸处理，制作出360°全景，并以球形的状态显示出来。

如果使用相机直接拍摄，难度是很大的，需要在同一地点旋转拍摄大量照片，最终进行全景的接片合成，远不如使用后期软件来得方便、快速。

我们看图8-21和图8-22，演示了原始照片和制作好的小行星效果的对比。原片虽然也很漂亮，但相对来说还是普通了一些，但制作为小行星后，可以看到具有非常震撼的视觉冲击力。

图 8-21

图 8-22

制作小行星时，要拉伸照片，最后将照片的两端接起来，那就应该考虑到照片两端最好是水平对齐的，否则完成的效果就不够理想。因此在前期我们必须先校准水平线，主要还是水岸线条左右处在同一水平线上。

选择裁剪工具，出现裁剪边线后，将鼠标指针移动到照片右上角，待变为完全的双向箭头表示可以旋转后，按住鼠标向左上或右下拖动旋转照片，旋转时要让水岸线条处在同一水平线上，如图 8-23 所示。旋转到位后在照片中间双击，完成调整。

图 8-23

水平调整到位后，再清理照片左右两侧的边线附近，确保可以让两端顺利对接起来。

可以看到，原照片左侧有些楼体，这样与右侧肯定是无法很好地接起来的，所以我们先修掉这些干扰。为了避免修复时干扰到中间的建筑物，在工具栏中选择多边形套索工具，将想要去掉的建筑部分勾选出来；因为是要与右侧进行对接，所以选用仿制图章工具，以右侧的一些天空作为仿制源进行修复，操作过程及结果如图 8-24 所示。

图 8-24

修复完成后，按【Ctrl+D】组合键取消选区。

我们看到，小行星都是正方形构图的，这种画面比例也适合表现圆形的画面，因此我们先将照片调为正方形。

在"图像"菜单中选择"图像大小"命令，打开"图像大小"对话框，在调整大小的参数左侧，如

图 8-25 所示，取消宽高的限定标记，然后将宽和高都改为 2000 像素，最后单击"确定"按钮返回，这时照片就变为了方形。

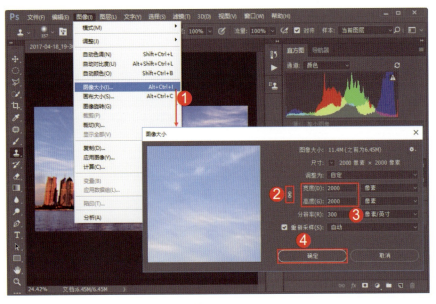

图　8-25

现在照片的前期调整就完成了。

接下来是比较关键的两个操作步骤：先在"图像"菜单中依次选择"图像旋转"｜"垂直翻转画布"命令，将照片上下翻转一下，操作命令如图 8-26 所示；接下来在"滤镜"菜单中依次选择"扭曲"｜"极坐标"菜单命令，操作如图 8-27 所示。

需要说明一下，我们之所以要将照片上下翻转，是因为后面的极坐标命令是将照片从两侧向上扭曲转动，翻转后才能扭曲出小行星。如果不翻转，那就是"地心世界"的做法了，读者可以尝试一下，处理思路与小行星几乎一样，但要简单一些。

图　8-26

图　8-27

选择"极坐标"命令后，会弹出"极坐标"对话框，选择"平面坐标到极坐标"单选项，然后单击"确定"按钮完成操作，如图 8-28 所示。这其实很简单，我们本来就是从一个简单的平面照片调整到极坐标的操作。

返回软件主界面后，可以看到照片的初步效果已经出来了，只是不够理想：两侧有明显的结合线，两端地面部分的结合也没有对齐，如图 8-29 所示。

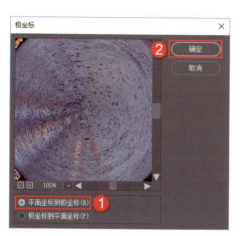

图 8-28

图 8-29

下面我们将对边缘线进行修复。先按【Ctrl+J】组合键复制一个新图层，然后单击背景图层的锁标志，让两个图层都处于激活状态，操作过程如图 8-30 和图 8-31 所示。

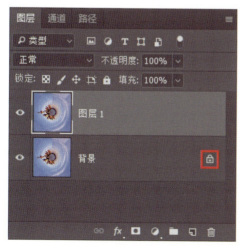

图 8-30

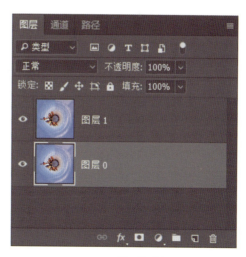

图 8-31

我们看到照片的四个角，出现了放射状的拉伸线，显然不是云层旋转出来的，与下面的云层不一致，因此需要进行处理。我们选中上面的图层 1，在"编辑"菜单中选择"自由变化"菜单命令，然后用鼠标拖动照片边线向外扩展，以刚好遮盖住失真的放射线条为准，如图 8-32 所示。

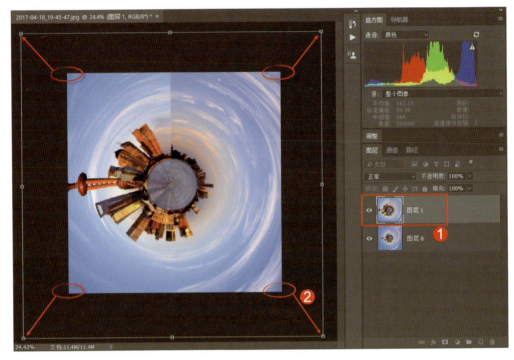

图 8-32

为了便于观察，我们按住图层图标，上下交换图层位置，将图层 0 置于上方，如图 8-33 所示。

这时要考虑一下我们是否可以直接用橡皮擦工具，擦掉四角拉伸的放射线条，露出底下图层已经修复好的云层呢？显然是不行的，因为直接擦拭出来，中间竖直的结合部位、地面的结合部位仍然明显。所以我们可以旋转上面的这个图层，错开位置，如图 8-34 所示。这样后续擦拭时，就会遮盖掉边缘结合部位。

图 8-33　　　　　　　　　　　　　　图 8-34

旋转完成后,在工具栏中选择橡皮擦工具,设定柔性画笔和合适的画笔笔触大小。选中上面的图层,在照片四周擦拭,将照片边缘线条擦掉,让照片与下层照片的过渡自然起来;也将照片两端结合线擦掉,露出下方照片,如图 8-35 所示。

图 8-35

有些部位擦拭后,露出下方图层的区域不够自然,那就先不要擦拭了,拼合图像完成操作就可以了,此时的照片是如图 8-36 所示的样子,我们看到,建筑物的结合部位是有瑕疵的。

当然,我们并不是不再修复这些不完美的地方了。接下来,我们可以选择一些污点修复工具、仿制图章工具或是修补工具等,对这些瑕疵进行修复,让这些位置也变得完美起来。

图 8-36

选择修补工具，勾选出结合不自然的部位，向周边拖动后松开鼠标，修复好这个瑕疵，如图 8-37 所示。

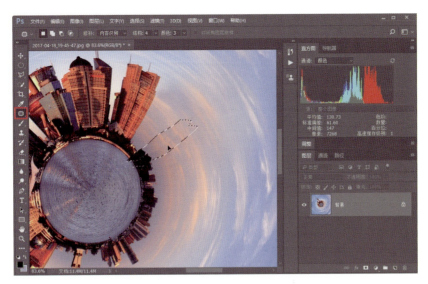

图 8-37

处理完成后的照片效果如图 8-38 所示。

图 8-38

从追求完美的角度考虑，观察照片发现最高塔出现了一些弯曲，将其校直后效果会更好。因此我们将照片载入"液化"滤镜，设定合适的大小和压力，推动高塔，将其修直，如图 8-39 所示。修复完成后单击"确定"按钮返回。

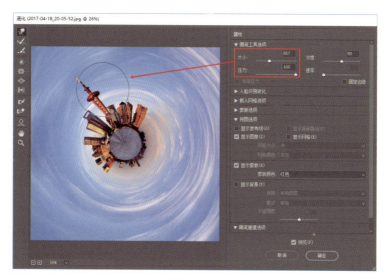

图　8-39

如果感觉照片的色调及影调缺乏一些表现力，可以适当对照片进行影调和色调的微调，这样最终得到的效果便如图 8-40 所示，这也是本案例的最终效果。

图　8-40

8.4 小清新人像：光雾特效

有时我们拍摄的人像照片中背景有些杂乱，并且照片整体比较暗淡。有一种思路比较好，即利用"镜头光晕"滤镜制作逆光的眩光或光雾效果，改善画面影调，并可以遮挡背景杂乱的部分。

打开图 8-41 所示的原始照片，可以看到光源方向的左侧天空比较空旷，最简单的方式是渲染上一些光雾效果，既能丰富影调层次，又可避免左侧太空旷。

图 8-41

按【Ctrl+J】组合键，复制一个图层；在"编辑"菜单中选择"填充"菜单命令，在打开的"填充"对话框中选择填充黑色，将复制的图层填充为纯黑，如图 8-42 所示。

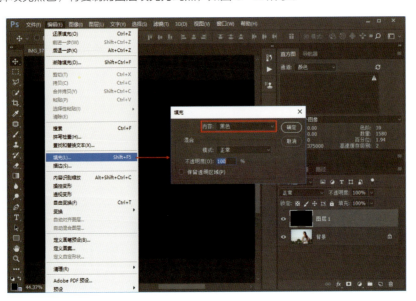

图 8-42

在"图层"面板当中,右击被填充为黑色的新复制图层图标,在弹出的菜单中选择"转换为智能对象"菜单命令,将该图层转换为智能对象。

可以看到图层图标的右下角出现了一个明显的标记,如图 8-43 所示。

在"滤镜"菜单中选择"渲染"菜单命令,在打开的菜单中选择"镜头光晕"滤镜,如图 8-44 所示。

图 8-43

图 8-44

在弹出的"镜头光晕"对话框中,有多种光晕效果,分别为模仿 50—300mm 镜头、35mm 镜头、105mm 镜头和电影镜头的光晕效果。每种镜头的光晕效果是不同的,经过分别选中尝试,此处我们选择 50—300mm 镜头的光晕,效果是最好的;适当提高光晕的亮度,即增强光晕所能影响的区域大小及光线强度;并根据人物受光状态将光晕拖动到合适的位置;最后单击"确定"按钮返回。如图 8-45 所示。

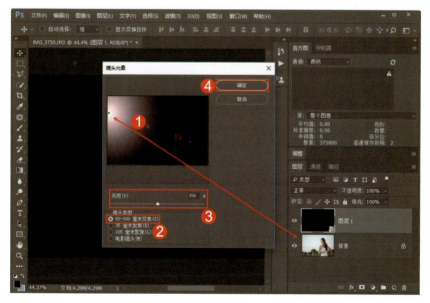

图 8-45

第8章 | 创意:滤镜特效 241

此时你会发现照片界面依然是黑色图层遮挡状态。将图层混合模式改为"滤色",即可显示出光晕与原照片叠加的效果,如图 8-46 所示。

图　8-46

观察左上方的光源,可以发现光晕的色调明显偏紫,还有些偏粉,不够真实。创建"色相/饱和度"调整图层,打开"色相/饱和度"调整面板;单击底部的"将调整剪切到图层",表示调整的只是光晕所在图层的颜色,而不调整原照片中人物的颜色。

在调整框内,选中"着色"复选框,为照片手动渲染颜色。

然后拖动色相滑块,将光晕色彩调整到合适的色调上,一般是黄红等色彩比较适合,再对明度和饱和度进行调整,制作出光雾效果;最后关闭该调整面板;调整过程如图 8-47 所示。

图　8-47

这样，制作的光雾效果就完成了。可以看到，照片的色彩和影调都发生了极大变化，这种光雾还模拟出了直射光源的效果，非常漂亮。

制作好光雾效果后，我们还可以随时对光源的位置、光线色彩等进行修改，以获得不同的效果。比如说，如果要改变光源位置，只要双击"图层"面板当中的"镜头光晕"，就可以再次展开"镜头光晕"面板，对光源的位置及亮度数量等进行调整，如图 8-48 所示。

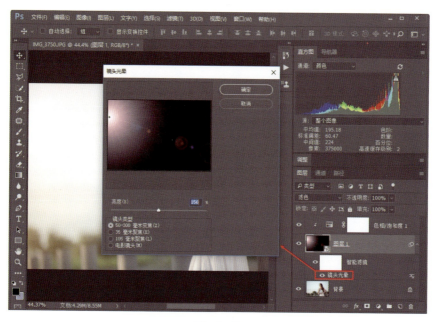

图 8-48

调整完毕后，合并图层并保存，最终效果如图 8-49 所示。当然，你也可以根据实际情况，对照片的自然饱和度进行适当调整，然后再保存照片。

图 8-49

8.5 变焦的爆炸效果

一些弱光场景拍摄的人像题材，可以尝试制作出曝光中途变焦的爆炸性效果，让画面的视觉冲击力更强。下面来看具体的例子，打开处理到位后的原始照片，如图 8-50 所示。

图　8-50

在工具栏中选择套索工具，将人物上身部分勾选出来，勾选的范围如图 8-51 所示。

图　8-51

因为将要制作的变焦效果是从选区线开始扩散的，如果选区线过于生硬，那变焦开始的位置就会很不自然，所以把光标放到选区内并右击，在弹出的菜单中选择"羽化"命令，弹出"羽化选区"对话框，在这个对话框中设置羽化的半径大一些，这里设定为 30，最后单击"确定"按钮返回，如图 8-52 所示。

图 8-52

因为我们想要人物重点部位清晰,其他区域呈现出爆炸效果,但当前选区选定的是人物部分,所以需要进行反选。在"选择"下拉菜单中选择"反选"命令,或者是直接按【Ctrl+Shift+I】组合键,均可以快速反选选区,如图 8-53 所示。

图 8-53

TIPS

这里有两个问题需要注意一下:①一旦建立了选区,那就无法再使用顶部选项栏中的羽化选项进行调整,如果要使用,应该在选中之前进行设定;②羽化值大一些可以让边缘过渡更自然,但也不能太大,否则就会造成变焦开始的位置太不规则,并影响到人物重点区域的表现力。

建立合适的选区后，就可以开始制作特效了。依次选择"滤镜"|"模糊"|"径向模糊"菜单命令，如图 8-54 所示。

这时会打开"径向模糊"对话框，如图 8-55 所示。在该对话框中有 3 个重点需要注意：①首先应该设定模糊方法为"缩放"，这样才能制作出爆炸效果，你可以自行点选"旋转"来查看效果，显然不是我们想要的；②设定"缩放"后，改变"数量"值，可以让爆炸的效果变得更强或是更弱，从右下角的模糊示意图中就能看到，向外发散的线条越长，表示爆炸效果越明显；③ 右下角中心模糊十字交叉点，表示爆炸的中心点，原照片中人物面部在照片中间偏上的位置，因此我们要用鼠标点住这个交叉点适当向上拖动一些，大致放在人物面部位置。

最后，单击"确定"按钮返回制作的特效界面。

图 8-54

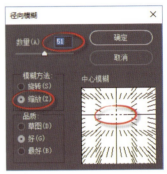

图 8-55

制作好特效后，返回到 Photoshop 软件界面就可以看到变焦爆炸效果了，如图 8-56 所示，最后将照片保存即可。

图 8-56

8.6 素描的艺术效果

素描是绘画领域的一种风格，用线条勾勒出我们看到的对象，可能是人物，也可能是景物、风光等题材。我们拍摄的照片，可以使用滤镜制作出素描的效果。对于一般的人像写真题材，素描效果比较受人喜爱。

下面来看具体的制作过程，打开图 8-57 所示的原始照片。

图 8-57

按【Ctrl+J】组合键复制一个图层，然后选中新复制的图层，依次执行"图像"｜"调整"｜"去色"菜单命令，将新复制的图层去掉颜色，如图 8-58 所示。

按【Ctrl+J】组合键，再复制一个新图层，然后依次执行"图像"｜"调整"｜"反相"菜单命令，将最新复制的图层进行反相处理，如图 8-59 所示。

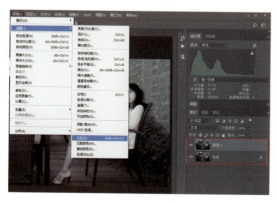

图 8-58

图 8-59

将最上方，也就是最后复制图层的混合模式改为"颜色减淡"，可以发现此时的照片变为了白茫茫一片，没有细节显示，如图 8-60 所示。

使用"颜色减淡"混合模式时一般会产生大量的色阶溢出，是一个通过上层混合色亮度决定结果色亮度和反差的混合模式。上层混合色与白色基色复合产生白色，上层混合色与黑色基色复合保持不变，根据这个原理，结合本例中我们中间图层为黑白，最上方图层为黑白的反相，这样颜色减淡处理后，肯定是纯白的了。

图 8-60

依次选择"滤镜"|"其他"|"最小值"菜单命令，打开"最小值"对话框，在"最小值"对话框中，将"半径"设定为 1 即可，然后单击"确定"按钮返回，如图 8-61 所示。在改变半径值时，我们可以从预览窗口看到人物一些边缘轮廓的变化状态。

图 8-61

返回主界面后我们就看到了照片叠加效果变为了素描线条的形式，如图 8-62 所示。

图 8-62

改变最上方图层的透明度，可以调节素描效果的逼真程度，如图 8-63 所示。通过调整，我们可以让照片更加线条化。

图　8-63

我们还可以改变中间黑白图层的不透明度，以调节画面色彩的渲染程度，如图 8-64 所示。

图　8-64

确定最后调整效果后，拼合图层，在保存照片之前，我们还可以对照片的影调进行调整，以确定最终线条的清晰度和强度等。照片最终效果如图 8-65 所示。

图　8-65

第 9 章 Lab 调色

对照片的调色，有时使用 Lab 模式进行操作，可能会得到 RGB 色彩模式下无法实现的效果。掌握了这种技巧，在处理一些色彩不够纯，饱和度不够高的照片时，会非常有效。

9.1 Lab模式调色的优劣

在计算机上看到和使用的照片，大多是RGB色彩模式的，几乎很难看到Lab模式的照片。

Lab是一种基于人眼视觉原理而提出的一种色彩模式，理论上它概括了人眼所能看到的所有颜色。在长期的观察和研究中，人们发现人眼一般不会混淆红绿、蓝黄、黑白这三组共6种颜色，研究人员猜测人眼中或许存在某种机制分辨这几种颜色。于是有人提出可将人的视觉系统划分为三条颜色通道，分别是感知颜色的红绿通道和蓝黄通道，以及感知明暗的明度通道。这种理论很快得到了人眼生理学的证据支持，从而得以迅速普及。经过研究发现，如果人的眼睛中缺失了某条通道，就会产生色盲现象。

1932年，国际照明委员会依据这种理论建立了Lab颜色模型，后来Adobe将Lab模式引入了Photoshop，将它作为颜色模式置换的中间模式。因为Lab模式的色域最宽，所以其他模式置换为Lab模式时，颜色没有损失。在实际应用当中，将设备中的RGB照片转为CMYK色彩模式准备印刷时，可以先将RGB转为Lab色彩模式，这样不会损失颜色细节；最终再从Lab转为CMYK色彩模式。这也是之前很长一段时间内，影像作品印前的标准工作流程。

一般情况下，我们在计算机、相机中看到的照片，绝大多数为RGB色彩模式，如果这些RGB色彩模式的照片要进行印刷，那就要先转为CMYK色彩模式才可以。以前，在将RGB转为CMYK时，要先转为Lab模式过渡一下，这样可以降低转换过程带来的细节损失。而当前，在Photoshop中，我们可以直接将RGB转换为CMYK模式，中间的Lab模式过渡在系统内部自动完成了，我们看不见这个过程。当然，转换时会带来色彩的失真，可能需要你进行微调校正。

如果你还是不能彻底理解上述的说法，那我们用一种比较通俗的说法来进行描述：RGB色彩模式下，调色后色彩会发生变化，同时色彩的明度也会同时变化，这样某些色彩变亮或变暗后，可能会让调色后的照片损失明暗细节层次。

打开如图9-1所示的照片。

图 9-1

将照片调黄，因为黄色的明度非常高，可以看到很多部分因为色彩明度的变化产生了一些细节的损失，如图 9-2 所示。而如果是在 Lab 模式下调整，因为色彩与明度是分开的，所以将照片调为这种黄色后，是不会出现明暗细节损失的，如图 9-3 所示。

图 9-2

图 9-3

在 Lab 模式下调色的效果非常好，但这种模式也有明显问题。在 Lab 模式下，很多功能是无法使用的，如黑白、自然饱和度等。另外还有很多 Photoshop 滤镜无法使用，并且即便是能够使用的功能，界面形式也与传统意义上的后期调整格格不入。

使用 Lab 模式时，打开"图像"菜单，在其下的"调整"菜单中我们可以看到很多菜单功能变为了灰色不可用状态，如图 9-4 所示。

图 9-4

分别在 RGB 和 Lab 模式下选择"色彩平衡"菜单命令，打开"色彩平衡"对话框。可以看到 RGB 模式下的调整界面（如图 9-5 所示）与 Lab 模式下的调整界面（如图 9-6 所示）有很大区别。

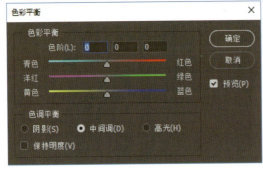

图 9-5

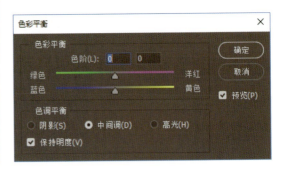

图 9-6

9.2 Lab模式调色

使用 Lab 模式的调色，主要用于为低饱和度照片渲染浓郁的色彩。我们通过具体的案例来看，打开图 9-7 所示的照片，可以看到照片的色彩感很差，这对于风光题材来说是致命的。

如果你尝试直接针对原照片，在色相/饱和度对话框中提高饱和度，就会发现这种照片即便将饱和度提到最高，也无法获得很自然很浓郁的色彩，并且部分色彩还会出现严重的溢出现象，让照片失真。这里我就不演示了，随书光盘中有这张照片的素材，读者可以自行尝试。

针对这种晦暗的色彩效果，我们可以使用 Lab 模式调色来处理。

图 9-7

在 Photoshop 主界面的"图像"菜单中选择"模式"，在打开的子菜单中选择"Lab 颜色"命令，如图 9-8 所示，即可将照片转为 Lab 模式，从照片标题栏中就可以确认此时的照片已经变为了 Lab 模式，如图 9-9 所示。

图 9-8

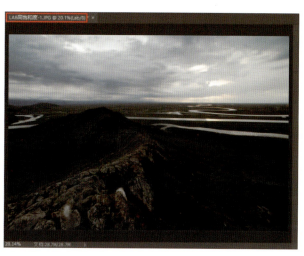

图 9-9

创建一个曲线调整图层，此时在曲线调整面板中间点开明度下拉列表，发现有明度、a 和 b 三个通道。这就要用到我们前面介绍过的"在长期的观察和研究中，人们发现人眼一般不会混淆红绿、蓝黄、黑白这三组共 6 种颜色，这使研究人员猜测人眼中或许存在某种机制分辨这几种颜色。于是有人提出可将人的视觉系统划分为三条颜色通道，分别是感知颜色的红绿通道和蓝黄通道，以及感知明暗的明度通道"这个知识点了，明度通道对应着照片的明暗信息，a 通道对应着照片中的绿色和红色，b 通道对应着照片的蓝色和黄色。

所以，在我们打开的图 9-10 所示的曲线调整面板中，我们也只是看到有明度、a 和 b 三个通道，对应着三条曲线。

图 9-10

回到本照片上来，首先我们看到天空的色彩表现力不够，当然是要让天空变成蓝色。根据前面介绍的，b 通道对应着蓝色和黄色，因此切换到 b 通道打开 b 曲线，选中"目标选择与调整工具"，然后将光标移动到天空上，向下拖动即可让天空部分快速渲染上蓝色，操作过程与照片效果如图 9-11 所示（如果向上拖动，那自然就是让调整对象变黄了）。

图 9-11

我们看到，对天空的调整，也对地面景物产生了很明显的干扰，草原也变成蓝色了，这显然不是我们想要的结果，因此，把光标再移动到地面的草地上，按住并向上拖动，这样就可以让草地向黄色方向偏移，从曲线上我们也可以看到，左侧的锚点是针对天空，右侧的锚点针对草原。此时的曲线形状与照片效果如图 9-12 所示。

图 9-12

将 b 通道曲线调整到位，也就是照片的黄色和蓝色基本上调整好了。但是，发现照片色调还是不够理想，发黄、泛着土色。

切换到 a 通道，对照片的红色和绿色进行调整。选中"目标选择和调整工具"，把光标移动到草原上，草地当然要适当绿一些，因此，我们按住鼠标向下拖动，可以看到包括草原在内都变绿了，此时的操作及照片效果如图 9-13 所示。

图 9-13

调整后，发现照片整体又太绿了，特别是远处的天空部分，因此我们只要将光标移动到不想变绿的位置，按住向上拖动就可以了，此时的曲线形状与照片效果如图 9-14 所示。可以看到，调整到现在，效果已经变好了很多。

图 9-14

大致上，照片也就是这样了，因为在 Lab 模式下，Photoshop 的功能实在受限太多，因此我们可以考虑将照片转回 RGB 模式，再进行精修。

右击背景图层的空白处，在弹出的菜单中选择"拼合图像"命令，如图 9-15 所示，这样图层就合并在了一起，如图 9-16 所示。

图 9-15

图 9-16

在 Photoshop 主界面的"图像"菜单中选择"模式",在打开的子菜单中选择"RGB 颜色"命令,如图 9-17 所示;即可将照片转为 RGB 模式,从照片标题栏中就可以确认此时的照片已经变为了 RGB 模式,如图 9-18 所示。

图 9-17

图 9-18

将照片转为 RGB 模式后,再创建一个曲线调整图层。此时再对照片的明暗反差进行强化,提亮亮部、恢复暗部,照片的影调层次会变得更强烈,如图 9-19 所示。

图 9-19

强烈的明暗反差自然很好，但这样做的代价是天空部分有些曝光过度了。这没有关系，我们只要单击选中蒙版图标，在工具栏中选择渐变工具，设定前景色为黑色、背景色为白色，设定线性渐变，适当降低一些不透明度，然后制作从天空到地面的渐变，将原来不曝光过度的天空还原出来，如图 9-20 所示（不用太担心天空还原后会出现不够自然的问题，因为我们在制作渐变之前，就适当降低了渐变的不透明度）。

图 9-20

这样，照片基本上就调整完了。如果你对照片的细节和效果精益求精，那还可以让前景的岩石明亮一些，锐度高一些，这样既可以增强照片的视觉冲击力，还可以通过强化前景来增加画面深度，这对于要求悠远的风光题材来说是很重要的。

因此，我们在"滤镜"菜单中选择"Camera Raw 滤镜"命令，如图 9-21 所示。载入 Camera Raw 滤镜界面，在该界面中单击"自动"按钮可以对照片的明暗进行自动的优化，这种优化效果是很好的。接下来再适当降低高光，避免产生高光溢出，再适当降低饱和度，避免色彩饱和度过高而出现色彩细节的损失，如图 9-22 所示。

图 9-21

图 9-22

最后，也是很重要的一步，在上面的工具栏中选择渐变工具，在右侧的参数设定中将清晰度调整到最高，然后制作从近到远的渐变，如图 9-23 所示。制作渐变之后，单击"确定"按钮返回软件主界面。

图　9-23

这样，照片的处理就完成了，图 9-24 给出了照片调整后的效果。

图　9-24

总结：

整体来看，Lab 模式的使用频率虽然越来越低，但对于一些色彩不够理想的照片，还是具有很好的调色能力的。使用 Lab 调色，最常见的就是上面案例中介绍的，能够轻松、快速地为照片渲染上自然、浓郁而又油润的色彩。

9.3 超现实梦幻色调

如果我们要将照片处理为梦幻色调,按照一般的方法,往往要创建十几个曲线、色相/饱和度、可选颜色等调整图层,经过复杂的调色及明暗处理后才能得到理想的效果。并且针对不同的照片,处理过程也会千变万化,根本没有规律可循,需要摄影师有较强的审美能力和后期基础。

图 9-25 所示为我在网上找的一张梦幻色调制作好后"图层"面板的截图(为防止出现版权问题,我将图片遮盖掉了),可以看到将近 20 个图层才能实现。这种案例,相信大多数初学者,甚至是后期达人,都无法轻松实现,大多数时候你只能记住那些操作,后续只能对同类照片进行机械化的制作。从这个角度来看,复杂的梦幻色调制作,其实是没有太大意义的。

而本节我们将介绍两种相对简单,但很实用的梦幻色调制作技巧,相信你在学习之后,对网上那些过于复杂的梦幻色调制作案例再也不屑一顾。

下面我们来介绍第一种梦幻色调的制作方法——利用 Lab 通道的复制和粘贴来完成调色处理。梦幻色调常用于对人像写真类题材的后期制作。

我们介绍的这种梦幻色调制作,主要思路是这样的:将正常的 RGB 照片转换为 Lab 模式,然后将 Lab 模式中的 a 通道复制,粘贴到 b 通道上,利用 a 通道和 b 通道的色彩混合出新的超现实的、富有梦幻感的新色彩。

在 Photoshop 中打开要处理的照片,如图 9-26 所示。一般情况下,要转为梦幻色调的原照片中,最好是带有大片的绿色,这样处理的梦幻效果会更好一些。

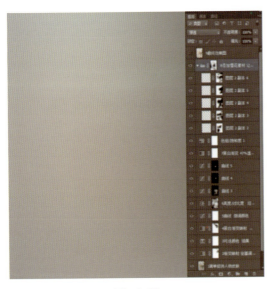

图 9-25

图 9-26

首先将照片从 RGB 模式转为 Lab 模式。在 Photoshop 的"图像"菜单中选择"模式",然后在展开的子菜单中选择"Lab 颜色"命令,如图 9-27 所示,这样照片就转为了 Lab 模式。

转为 Lab 模式后,在 Photoshop 主界面右下角,切换到"通道"面板,可以展开 Lab 模式的 4 个通道,分别为彩色的 Lab 通道,以及单色的明度、a 和 b 通道,如图 9-28 所示。

单击选中 a 通道,按【Ctrl+A】组合键,全选此时的 a 通道,此时可以看到照片四周已经产生了蚂蚁线圈起的选区;再按【Ctrl+C】组合键复制,即可复制选区内的 a 通道。

图 9-27

图 9-28

单击选中 b 通道,然后按【Ctrl+V】组合键,即可将我们复制的 a 通道内容粘贴到 b 通道上,如图 9-29 所示。粘贴之后,单击 Lab 复合通道,你会发现照片色彩发生了变化,如图 9-30 所示。之后按【Ctrl+D】组合键取消选区即可。

图 9-29

图 9-30

色彩的变化主要是因为 a 通道的色彩与 b 通道的色彩叠加之后产生的新色彩。这会产生一个新问题,即前景和背景等环境元素色彩发生变化是我们想要的,但如果人物肤色、衣物颜色也发生太大变化,那就不好了。所以正常来说,在进行通道的复制和粘贴之后,是应该还原作为照片主体人物部分颜色的。

在本例中，可以看到人物的肤色变化并不是太明显，且叠加通道之后人物的肤色变得更漂亮了，那我们实在没必要再还原了。但人物衣服部分的色彩变化还是很大，因此我们可以考虑将衣服部分的色彩还原出来。

在还原照片中的局部色彩时，其中的一个思路是复制当前的照片画面，将其粘贴到我们刚打开的照片状态，然后利用橡皮擦工具将人物部分擦拭出来。第二种思路则要简单很多，展开"历史记录"面板，在"Lab 颜色"这步操作前单击，做一个历史记录的标记，如图 9-31 所示。

然后在工具栏中选择"历史记录画笔工具"，设定合适的画笔大小和不透明度，然后在人物身体上想要还原色彩的位置擦拭，即可将这些位置的色彩还原到处理前的状态，如图 9-32 所示。

此时，照片大多数的色彩是利用 a 通道和 b 通道叠加混合后的效果，饱和度有些过高，色彩也可能并不是你想要的，需要进行调整。而在 Lab 模式下，很多调色功能是无法使用的，可以将照片转回 RGB 模式式，再进行调色。

图 9-31

图 9-32

在"图像"菜单中选择"模式",在展开的子菜单中选择"RGB 颜色"命令,即可将照片转回 RGB 模式,如图 9-33 所示,此时发现照片中许多部分的色彩有些失真,比如说图 9-34 中红色箭头指示的位置,几乎看不清任何的细节。

图 9-33

图 9-34

创建色相/饱和度调整图层,适当改变色相滑块的位置,可以对照片的色彩进行转换,同时适当拖动饱和度及明度滑块,修改色彩的效果,如图 9-35 所示。

图 9-35

经过这种调色处理后，照片的色调效果可能更具梦幻感，且呈现出了更多的细节层次。但这种色相的变化会引起人物肤色的色彩失真，所以我们要在工具栏中选择画笔工具，前景色设定为黑色，在人物面部涂抹，将原肤色还原出来，如图 9-36 所示。

图 9-36

双击色相/饱和度调整图层中的蒙版图标，打开蒙版调整面板，适当提高羽化值，让我们使用画笔涂抹的边缘更柔和，色彩过渡更加自然，如图 9-37 所示。到此，照片就处理完了，合并图层并保存照片。

图 9-37

在结束这个案例的介绍之前，我们回想一下，在 Lab 模式下，当时我们是将 a 通道复制，粘贴到 b 通道，色彩变为青色的冷色调梦幻效果。那如果我们将 b 通道复制，粘贴到 a 通道，其他操作都是一样的，那会是一种什么效果呢？答案就如图 9-38 所示，此时的照片画面会是一种红黄色的梦幻效果。

图 9-38

图 9-39 所示为原照片与 b 通道粘贴到 a 通道的照片的效果对比。

图 9-39

第10章 堆栈与延时摄影

堆栈，在摄影领域是指一种特殊的动态画面构成形式，我们可以用堆栈的方式来得到许多无法用相机直接拍摄，或是很难拍好的照片效果，如完美星轨（低噪点）、全景深、流动的云等特效。

10.1 认识堆栈

Photoshop 当中的堆栈就是图层的叠加合成。

手动处理照片时,叠加几个图层,擦掉一些我们不想要的部分,只保留想要的部分,最终可以叠加出更完美的效果。但堆栈是利用 Photoshop 软件自身进行复杂的计算,通过某些特定方式合成多张照片,去掉我们不想要的色彩、元素,得到一幅更完美的复合视图画面。

图 10-1 展示的是一张利用堆栈方式得到的全景深照片。室内,非常近的距离拍摄一些小玩具,肯定会产生对焦点前后的虚化问题,但利用堆栈的方式,却可以得到这种近距离下对象全部清晰的照片。

图 10-1

图 10-2 所示为一张星轨的照片。我们在北半球,正对着北极星拍摄,地球自转会相对星空产生移动,于是星星拉出圆形的轨道,非常漂亮。每年 4~9 月,星野摄影爱好者往往沉迷于此。利用后期堆栈的方式,可以让我们得到的星轨照片画质更加细腻漂亮。

图 10-2

10.2 星轨

1. 为什么用堆栈得到星轨

因为地球是自转的，相对于星空来说是动态的，如果长时间曝光就可以记录下星星的轨迹。如果直接使用相机进行长达数小时的拍摄，那几乎是很难实现的操作。

（1）长时间曝光会产生大量噪点，并且很多噪点与星星混在一起，让人无法分辨，自然也无法降噪。即便强行降噪，画质也会不够清晰。

（2）相机可能会无法支撑过长的曝光，如果突然断电，我们将前功尽弃。

（3）长时间曝光过程当中，如果有杂光闯入镜头，作品的画面感会遭到破坏。

（4）在拍摄中途不小心碰到了三脚架，也会直接导致拍摄失败。

以上便是长时间曝光拍摄星轨的很多不足之处。

随着后期软件功能的不断增强，像星轨这类题材，我们就可以通过堆栈得到了。

2. 拍摄控制

（1）面对野外黑暗环境，安全不确定因素加大，星野摄影最好能结伴拍摄，一是壮胆，二是切磋交流更有乐趣，三是出现意外状况也能互相照应。

（2）三脚架＋快门线辅助，定时拍摄。如果相机没有定时和延时拍摄功能，可以买一个能定时和延时拍摄的快门线，不贵，却能解决问题。基本上30秒到2分钟拍一张，能拍30~100张不等。单张时间越短，需要的张数越多。多张累加的拍摄时长应该是要超过40分钟，这样最终的星轨会长一点。

（3）不建议单张有太长的曝光时间，否则一旦出现地面的干扰，要废掉某张照片时，如果该照片曝光时间太长，那就会严重影响最终效果了。

（4）拍摄时要注意，相机电池电量要满，存储卡空间要足够。为了节省空间，建议拍摄较小的JPEG格式，并且这样最终合成也比较节省时间。

（5）最终合成时，直接使用Photoshop里的"脚本"|"统计"菜单命令即可，星轨的合成模式多使用最大值或平均值。整个过程非常简单，没有太多必要使用第三方的插件。

（6）相机的设置是焦距越广越好，一般应该使用16mm甚至更广的焦段；光圈F4.0甚至更大；感光度放在2000~4000之间即可。当然，这并不是绝对的，不同场景的亮度会有差别，参数设定可能还要微调。

（7）对焦及镜头控制方面，要关掉镜头防抖，设为手动对焦。通过距离表将对焦距离对在无穷远处，然后再稍稍拉回来一点。如果是无穷远对焦，可能会出现前景不够清晰的问题。

（8）在正式拍摄之前，可以先设定10000左右的ISO值，快速拍摄一张，确定一下构图范围，确定好之后，再用之前我们介绍的参数进行拍摄。

（9）如果要拍摄出圆形的星轨，在北半球拍摄时就需要对准北极星进行拍摄，在南半球拍摄时就需要对准南极星进行拍摄。找正北时，可以用手机中的指南针来确定。

> **TIPS**
>
> 如何寻找南极星或北极星呢？如果要寻找北极星，首先在手机中下载一个App应用软件"星空指南"或"星空地图"，拍摄时用手机对准北方的天空，即可实时查看星空地图，从而能够快速找到北极星。接着，用相机对准北极星进行拍摄即可。

连续拍摄多张星空画面再进行合成，这种方法有以下几个优点。

第一，不怕相机断电，因为断电之前拍摄的照片已经保留了下来，可以使用拍摄完成的照片进行合成；第二，如果拍摄过程中有杂光闯入镜头，如汽车灯光等，后期合成时就可以将这张照片删除；第三，如果拍摄中途三脚架移动了，可以将移动后拍摄的照片全部删除，只使用之前拍摄的照片进行合成。

需要注意的是，如果中间删除了很多张照片，合成后的星轨照片中就会出现断点，而如果杂光是出现在地面上，天空中并没有出现杂光，就可以使用前景色为黑色的"画笔工具"将地面区域涂黑，然后再与其他照片进行合成即可。

3.堆栈制作技巧

下面来看利用堆栈合成星轨的制作方法。

先将拍摄好的素材放入一个单独的文件夹，如图 10-3 所示。

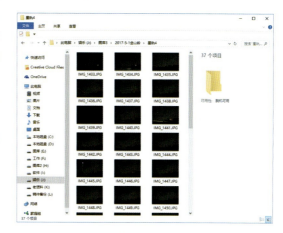

图　10-3

图 10-4 所示为其中的一张素材照片。

图　10-4

即便我们采用短时间的间隔拍摄，许多素材也可能已经被光污染了，如图 10-5 所示。为了避免最终效果当中出现较多曝光过度的点光源，我们可以先对这些素材进行处理，将曝光过度的点光源涂抹掉，如图 10-6 所示。涂抹时只要选用画笔工具，然后将颜色设定为黑色，直接涂抹就可以了。

你不必担心涂的黑色会干扰到最终效果，因为堆栈时软件会将黑色部分去掉。

图 10-5

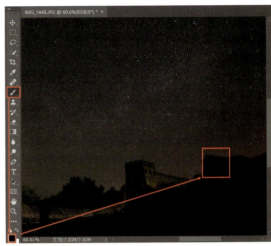
图 10-6

将有问题的素材都调整到位后，先将所有打开的照片都关掉。

在 Photoshop 当中，依次选择"文件"|"脚本"|"统计"菜单命令，打开"图像统计"对话框，如图 10-7 所示。

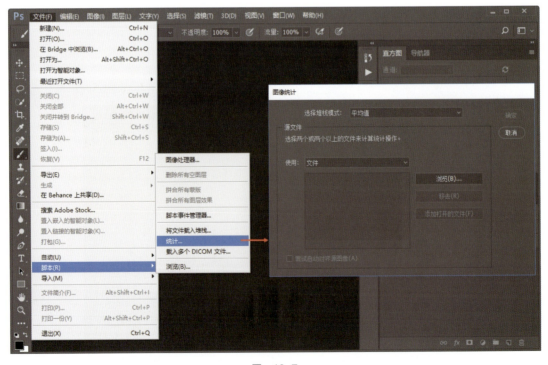
图 10-7

接下来，在"图像统计"对话框当中，单击"浏览"按钮，将所有照片载入进来；再将上方的选择堆栈模式设定为最大值；没有必要选中底部的"尝试自动对齐源图像"复选框；最后单击"确定"按钮，如图 10-8 所示。

堆栈星轨，通常可以选用平均和最大值这两种方式。之所以选择为"最大值"，是让软件主要统计星空当中较亮的星星轨迹，这种堆栈方式叠加出来的星轨比较明显；而选用"平均值"堆栈出来的星轨亮度不够，线条也不够粗。

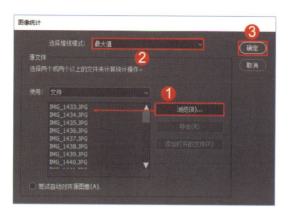

图 10-8

等待一段时间后，星轨就堆栈出来了，如图 10-9 所示。此时"图层"面板中的图标右下角可以看到智能对象的标志，而图标右端又有图像堆栈的标记。此时如果直接在 Photoshop 当中编辑图像，有些功能会受到限制。

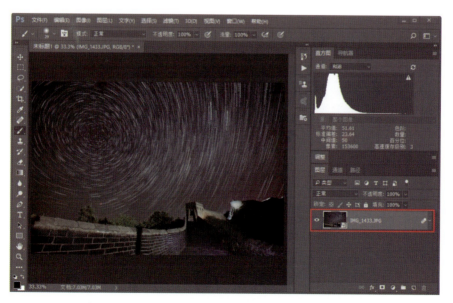

图 10-9

因为我们使用的是原始照片堆栈，所以照片效果不够理想。这里要单独说明一下，如果对原始素材进行批量处理后再堆栈，那在使用"平均值"的方式堆栈时，画面效果可能不够理想。因此，可以使用原片操作，堆栈出来后再对星轨图进行处理。

在"滤镜"菜单中选择"Camera Raw 滤镜"命令，将叠加出来的星轨载入 Camera Raw 界面，如图 10-10 所示。

图 10-10

当前照片存在的最大问题是色彩难看。夜晚的天空呈现蓝色调会比较漂亮，因此我们调整色温值，向蓝色方向拖动，如图 10-11 所示，为了避免照片偏青、偏绿，稍稍向右拖动一下色调滑块，此时照片的色彩变得好了很多。

图 10-11

如果对照片比较满意了，单击"确定"按钮，返回 Photoshop 主界面，再将照片保存即可。但本例中，我们想让画面更清晰一些，影调层次更丰富一些，正常的处理思路是提高对比度，改变高光、阴影等参数，但还有一种更简单、直接的方法，即切换到"效果"选项卡，直接提高"去除薄雾"的参数值，让照片变得通透起来，如图 10-12 所示。

图 10-12

切换到"细节"选项卡，适当为照片降噪，然后再适当锐化，如图 10-13 所示。

图 10-13

在"镜头校正"选项卡内，修复一下照片四周的暗角，参数及照片画面如图 10-14 所示。

回到"基本"选项卡，对明暗影调进行微调优化，再适当提高清晰度值，参数及照片效果如图 10-15 所示。最后单击"确定"按钮完成调整。

图　10-14

图　10-15

照片调整完毕后，返回到 Photoshop 主界面，如果对照片已经比较满意了，保存即可，最终效果如图 10-16 所示。

图　10-16

10.3 全景深堆栈制作技巧

将准备好的素材放入单独的文件夹，如图 10-17 所示。

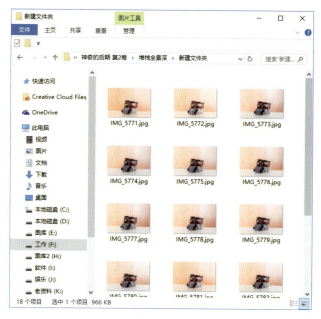

图 10-17

打开 Photoshop，在文件菜单中选择"脚本"命令，在打开的子菜单中选择"将文件载入堆栈"菜单命令，如图 10-18 所示。

图 10-18

打开"载入图层"对话框,在该对话框中,单击"浏览"按钮,找到存放素材的文件夹,全选照片,然后单击"打开"按钮,整个操作过程如图 10-19 所示。

图 10-19

这样,我们就可以将所有素材照片全部载入"载入图层"对话框,在该对话框中,没有必要选中底部的"尝试自动对齐源图像"和"载入图层后创建智能对象"这两个复选框,而是直接单击右上角的"确定"按钮就可以了,如图 10-20 所示。

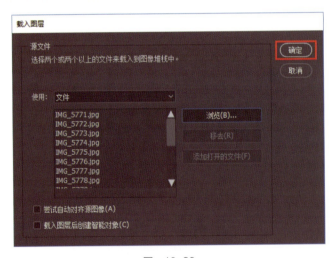

图 10-20

素材载入 Photoshop 后,从图层面板当中可以看到,每张素材占据一个图层,有多少张素材,就会有多少个图层。

按住【Shift】键,选择最上方的图层,向下拖动图层面板右侧的滑块,到最下方的图层,选择最下方的这个图层,这样就将所有的图层都选中了。接下来,单击打开"编辑"菜单,在下拉菜单中选择"自动对齐图层"菜单命令,如图 10-21 所示。

图 10-21

在打开的"自动对齐图层"对话框中,保持默认的"自动"单选项,然后单击"确定"按钮完成操作,如图 10-22 所示。该对话框中的多个选项,与我们之前介绍全景图拼接时是一样的,如果读者不明白各选项所能实现的效果,可以回到前面查看。

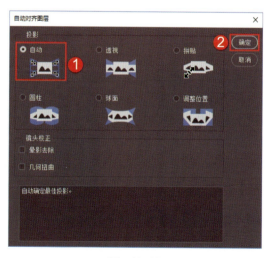

图 10-22

这时再次打开"编辑"菜单,在打开的下拉菜单中选择"自动混合图层"命令,打开"自动混合图层"对话框,这是重点的操作了,我们要告诉软件将要进行的是哪一种照片合成操作,非常明显,应该选择"堆叠图像"选项,如图 10-23 所示。

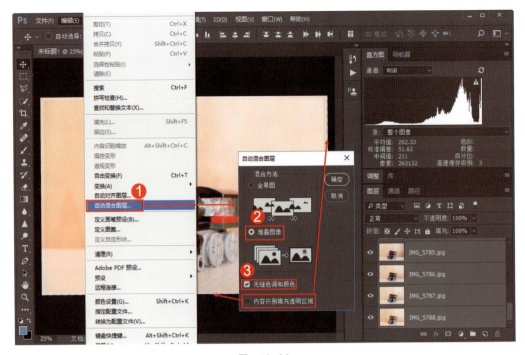

图 10-23

在"自动混合图层"对话框下方,有两个复选框,先选中"无缝色调和颜色"复选框,这样可以确保合成效果中色调过渡的平滑性。"内容识别填充透明区域"复选框,用于决定全景合成后,是否自动填充边缘的一些空白区域,很显然,我们也应该选中这个复选框,最终"自动混合图层"这个对话框的操作和设定便如图 10-24 所示。最后,单击"确定"按钮开始制作全景深效果。

等待一段时间之后,软件便可以自动合成全景深的照片,如图 10-25 所示。

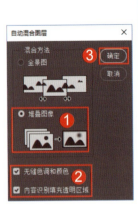

图 10-24   图 10-25

此时,照片当中的边缘会有蚂蚁线选区,这主要是软件自动填充的边缘空白区域,直接按【Ctrl+D】组合键取消这些选区就可以了。而右侧的图层面板当中,每个图层都带有一个蒙版,用于显示了该图层隐藏的和显示的部分，放大观察制作的效果，如果看到有些区域效果不够理想，那么就可以找到对应的图层，结合画笔工具修改该位置的显示和隐藏的像素；如果照片效果已经比较合理了，那直接拼合所有图层就可以了，此时的照片效果如图 10-26 所示。

图 10-26

此时的照片色调及影调都不够理想，因此我们将照片载入 Camera Raw 滤镜，对照片的色温、色调、影调、清晰度等进行调整，如图 10-27 所示。

再切换到"细节"选项卡，对照片的锐度进行调整，最后轻微提高减少杂色值，让照片的细节信息更加平滑柔和，细节选项卡内参数的设定如图 10-28 所示。

图 10-27　　　　　　　　　　　　　　　图 10-28

调整完毕后，单击"确定"按钮返回 Photoshop 主界面，用户还可以利用曲线等工具，对照片整体进行一些影调和色调的微调，如图 10-29 所示。

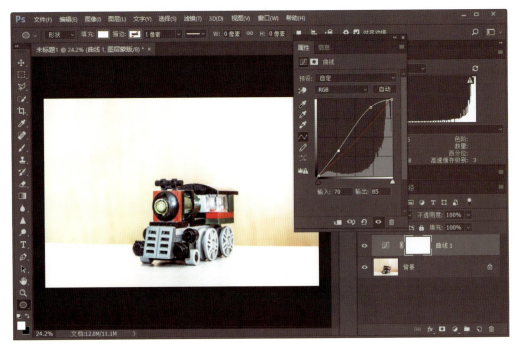

图 10-29

如果不是针对商业题材的摄影，所拍摄物品没有网店展示的需要，那我们还可以根据自己的喜好和感觉对照片进行调色等处理。最终的照片效果如图 10-30 所示。

图 10-30

10.4 延时摄影

延时摄影是以一种时间压缩的拍摄技术，我们拍摄一组照片，后期通过照片串联，把几分钟、几小时甚至是几天之内拍摄的照片压缩在一个较短的时间内，以视频的方式播放，而这几分钟、几小时甚至是几天的拍摄对象变化，可以用很短时间的视频呈现出来。

这样就可以用几秒钟演示出花蕊在几天内开放的整个过程，也可以演示星星从升起到最后缓缓落入地平线的轨迹，还可以记录天空的云朵像水流过一样的美感。

1.帧频与延时摄影

用相机拍摄延时摄影的过程类似于制作定格动画（Stop Motion），把单个静止的图片串联起来，得到一个动态的视频。

单个静止的图片，可以称为一帧画面，标准电影视频一秒显示 24 帧画面，可以给人流畅不卡顿的感觉。每秒 24 帧，这便是帧频。帧频越大，显示同样时间视频所需要的图片数就越多。

下面我们通过一个例子来说明延时摄影时间、帧频与图片数的关系。假设花朵开放需要 3 天 3 夜共 72 小时。我们 30 分钟拍摄一个画面，以顺序记录开花动作的微变，这样最终共可拍摄 144 张照片素材。最后合成时，按每秒 24 帧画面的频率播放，那么 6 秒的时间就可以重现 3 天 3 夜的开花过程。

2.制作要点

（1）电池充满电，避免拍摄多张照片的中途电量耗尽。

（2）定时拍摄的两种方法。

①有些相机具备间隔拍摄的功能，在相机内设定好之后，启动拍摄即可。

②如果相机没有定时拍摄功能，可以购买带有定时功能的快门线，设定好间隔时间，连续拍摄也可以。

（3）天空的光影变化。最好找一个多云的天气，这样最终合成的照片当中，可以看到漂亮的流云效果。如果天空万里无云，则视觉效果会差很多。

（4）稳定的三脚架。拍摄堆栈、延时摄影的素材，稳定的三脚架是必不可少的。如果你的三脚架稳定性有所欠缺，那最好不要升起中轴；如果满足取景的需求，脚架打开的脚管越少越好。

（5）尺寸没必要太大。当前比较主流的视频尺寸为 1920 像素 ×1080 像素，而 4K 视频的长边也不过是 4000 像素左右。因此，如果没有商业应用的需求，我们没有必要设定拍摄太大尺寸的素材，否则对存储卡的容量，以及计算机的运算速度都有很高要求。

3.案例：金山岭日落

虽然已经准备好了照片素材，但现在需要的是尺寸更小的，长边为 1080 像素的视频。在制作视频之前，我们可以先将尺寸调整到位。

因为照片素材的数量很多，逐张压缩尺寸的工作量会非常大。遇到这种问题，一般可以使用 Photoshop 的批处理功能来批量压缩。首先在 Photoshop 当中展开动作面板，在该面板右上角单击打开下拉列表，在其中选择"新建动作"命令，打开"新建动作"对话框，动作的名称等没有必要改变，直接单击右上角的"记录"按钮，开始录制动作，如图 10-31 所示。

图 10-31

开始录制动作的标志是动作面板底部出现了一般视频播放的红色圆点，如图 10-32 所示。这表示我们对 Photoshop 当中的照片进行的实质性操作，都会被记录下来。

在"图像"菜单中选择"图像大小"菜单命令，打开"图像大小"对话框，在其中将宽度设置为 1080 像素，高度则由软件自行限定，然后单击"确定"按钮完成照片大小的调整，如图 10-33 所示。

图 10-32

图 10-33

在"文件"菜单中选择"存储为"菜单命令，将照片另外单独存储在一个新的文件夹中，如图 10-34 所示。存储时，一定不要改变照片的编号，否则后期可能会遇到问题。

照片存储好之后，在动作面板当中，单击"终止"按钮，完成动作的录制，如图 10-35 所示。这样，第一张照片素材就被处理为了长边为 1080 像素的素材，并且处理过程也被录制了下来。

图 10-34

图 10-35

素材准备好之后，在"文件"菜单中依次选择"自动"|"批处理"菜单命令，如图 10-36 所示。

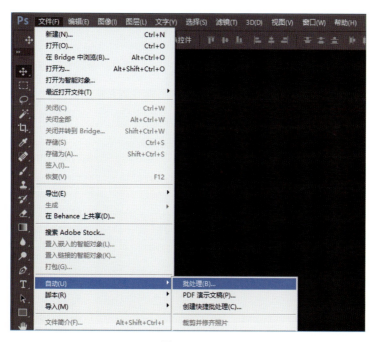

图 10-36

打开"批处理"对话框，在左侧的文件夹当中，我们选择大尺寸的原始素材位置；在右侧选择新尺寸素材的存储位置。其他不必设定，因为我们刚录制的动作，会是当前默认执行的动作，如图 10-37 所示。设定好之后，单击"确定"按钮，这样软件就开始了批处理操作，并会将处理的照片全部存储在我们新建立的文件夹中。

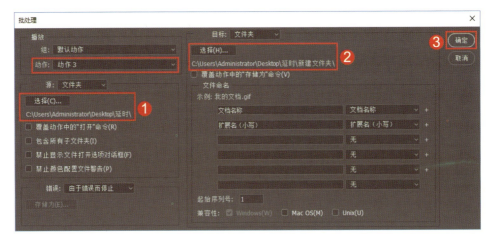

图 10-37

在打开的 Photoshop 当中，打开"文件"菜单，选择"打开"菜单命令，进入"打开"对话框。在该对话框当中，先找到我们处理后的照片文件夹，选中第一张照片，选中对话框底部的"图像系列"复选框，然后单击"打开"按钮，如图 10-38 所示。

要注意，这里必须要先选中一张照片，然后选中"图像系列"复选框，再打开；如果直接全选照片打开，那是无法将所有照片展开为延时序列的，那样会是同时打开多张照片的状态。

弹出"帧速率"对话框，在其中设定越大的帧频，画面的过渡会更加平顺流畅。但帧频率越大，所需要的素材量也就越大。本例中设定为 20 的帧频，也就是一秒呈现 20 张照片，然后单击"确定"按钮返回，如图 10-39 所示。素材有 160 张照片，表示我们将可以得到 8 秒的视频。

图 10-38

图 10-39

合成后的视频呈现在 Photoshop 主界面当中，在右下角的图层图标上可以看到一个视频的标记，这表示我们已经成功合成了视频，如图 10-40 所示。

图 10-40

在"窗口"列表中,选择"时间轴"命令,让时间轴显示在工作区左侧的下方,在其中就可以看到合成后的视频了。在视频轨道下方,可以缩小或放大视频轨道的视图长度,方便观察,如图 10-41 所示。

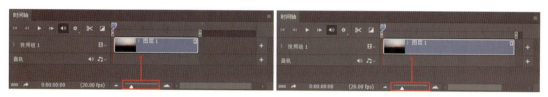

图 10-41

视频合成完毕后,我们会看到,天空与地面的反差有些偏大,无法显示出很好的地面细节,我们可以在后期进行调整。创建曲线调整图层,向下拖动曲线,压暗了照片整体的亮度,如图 10-42 所示。

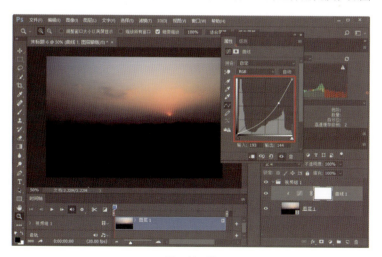

图 10-42

选中蒙版图层,选择橡皮擦工具,设定稍大一些的画笔直径大小,设定前景色为黑色,在地面部分涂抹,将原本较亮的地面部分还原出来,如图 10-43 所示。

图 10-43

擦拭并还原出地面景物的亮度之后，会发现地面与天空的结合部分不太自然，因此双击蒙版图标，展开蒙版调整界面，在该界面中提高羽化值，这样可以让地面与天空的过渡自然起来，如图10-44所示。

图 10-44

再创建一个曲线调整图层，接下来我们可以对画面渲染一些特定的色彩，让画面的感染力更强。调整过程时适当提高蓝色，让画面变冷一些；适当降低绿色，为画面渲染一些洋红色，这种色彩感召力更强烈；适当降低红色，这样的画面能够产生更强的冷暖对比效果，即地面的冷色与天空的暖色形成色彩对比；最后适当调整照片整体的影调，此时的曲线形状及照片画面如图10-45所示。

图 10-45

这样视频画面部分就初步完成了。如果要为视频添加一些字幕或水印，可以在时间轴的视频组 1 右侧，单击视频图标的下拉标记，在展开的菜单中选择"新建视频组"选项，创建一个新的轨道，如图 10-46 所示，用于存放我们将要添加的文字。

图 10-46

在工具栏中选择文字工具，在视频画面合适的位置，输入文字"金山岭日落"，并调整文字的颜色、字体及字号，如图 10-47 所示。此时从"图层"面板中可以看到视频组 2 的信息。

图 10-47

我们新添加的视频组 2，时间比较短，不足 8 秒，这时将鼠标指针移动到文字轨道的右侧，变为可拖动的标记后，点住向右拖动，使其与视频组 1 的右端对齐，如图 10-48 所示，这样文字就会在视频的播放过程当中一直存在。

图　10-48

此外，我们还可以为文字添加一些动作，在视频组 1 的轨道右端，单击向右的三角符号，展开"动感"面板，在此可以决定是否添加文字的动作。本例中我们选择不添加动作，如图 10-49 所示。

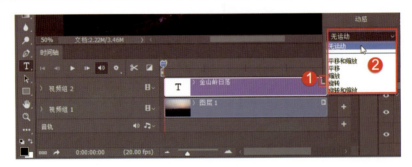

图　10-49

单击时间轴左上角的播放图标，此时视频开始播放。开始播放后按钮变为了停止按钮，单击该按钮，可以停止视频的播放，如图 10-50 所示。

图　10-50

视频制作完成后，在"文件"菜单中选择"导出"选项，再在展开的子菜单中选择"渲染视频"菜单命令，如图 10-51 所示。

此时会弹出"渲染视频"对话框，在该对话框中，可以设置视频的名称、存储位置，以及格式、大小等多种参数，但之前我们已经设定好了尺寸等选项，因此只要确定好名称和存储位置就可以了。最后单击"确定"按钮，如图 10-52 所示。

图 10-51

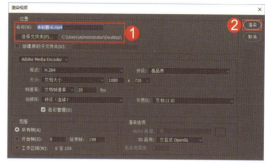
图 10-52

视频渲染完成后，生成了 MP4 格式的视频文件，双击播放可以查看效果，如图 10-53 所示。

图 10-53

内 容 提 要

2016年11月,我们出版了《神奇的后期》,该书一面市就受到了广大读者的热烈欢迎,也在网上引发了如潮的好评,网友PLUS评价"书非常好,全彩印刷,从理论的层面讲解照片处理的技巧,知其然,知其所以然"。在这样的情景下,我们开始了《神奇的后期2》之旅。

后期,既是一门技术,又是一门艺术。如果说《神奇的后期》是一本"内功心法",那本书则是精妙的"套路与招式",通过二者内外兼修,则可成为不折不扣的高手。为此,本书在《神奇的后期》的基础上,对内容进行了两个方面的强化:首先,拓宽了知识覆盖面,详细介绍了第1卷中没有涉及的后期思路、后期创意、堆栈、质感强化、照片风格等内容;其次,除了与第1卷同样注重修片原理和基本功外,本书还强化了后期思路+案例练习,也就是更注重实战,以大量案例来引导和开阔读者的后期视野,培养读者的修片能力。

让读者"知其然,知其所以然"依旧是我们不变的宗旨,在进行案例实战之前,我们对修片原理和思路都进行了精彩的讲解,确保读者在学完一个案例后能够真正领会精髓,达到举一反三的目的。

本书适合广大爱好摄影后期的人员使用,以及从事平面设计、包装设计、影视广告等工作的人员使用,同时也适合相关专业的学生、培训班,以及摄影爱好者使用。

图书在版编目(CIP)数据

神奇的后期2:Photoshop+Lightroom专业技法/郑志强著. — 北京:北京大学出版社,2017.10
ISBN 978-7-301-28680-7

Ⅰ.①神… Ⅱ.①郑… Ⅲ.①图象处理软件 Ⅳ.①TP391.413

中国版本图书馆CIP数据核字(2017)第214869号

书　　　名	神奇的后期2——Photoshop+Lightroom专业技法
	SHENQI DE HOUQI 2
著作责任者	郑志强　著
责任编辑	尹　毅
标准书号	ISBN 978-7-301-28680-7
出版发行	北京大学出版社
地　　　址	北京市海淀区成府路205号　100871
网　　　址	http://www.pup.cn　新浪微博:@北京大学出版社
电子信箱	pup7@pup.cn
电　　　话	邮购部62752015　发行部62750672　编辑部62580653
印 刷 者	北京大学印刷厂
经 销 者	新华书店
	787毫米×1092毫米　16开本　18.75印张　567千字
	2017年10月第1版　2017年10月第1次印刷
印　　　数	1–4000册
定　　　价	98.00元

未经许可,不得以任何方式复制或抄袭本书之部分或全部内容。
版权所有,侵权必究
举报电话:010-62752024　电子信箱:fd@pup.pku.edu.cn
图书如有印装质量问题,请与出版部联系,电话:010-62756370